사고력도 탄탄! 창의력도 탄탄!

수학 일등의 지름길 「기탄사고력수학」

단계별·능력별 프로그램식 학습지입니다

유아부터 초등학교 6학년까지 각 단계별로 4~6권씩 총 52권으로 구성되었으며, 처음 시작할 때 나이와 학년에 관계없이 능력별 수준에 맞추어 학습하는 프로그램식 학습지입니다.

사고력·창의력을 키워 주는 수학 학습지입니다

다양한 사고 단계를 거쳐 문제 해결력을 높여 주며, 개념과 원리를 이해하도록 하여 수학적 사고력을 키워 줍니다. 또 수학적 사고를 바탕으로 스스로 생각하고 깨닫는 창의력을 키워 줍니다.

유아 과정은 물론 초등학교 수학의 전 영역을 골고루 학습합니다

운필력, 공간 지각력, 수 개념 등 유아 과정부터 시작하여, 초등학교 과정인 수와 연산, 도형 등 수학의 전 영역을 골고루 다루어, 자녀들의 수학적 사고의 폭을 넓히는 데 큰 도움을 줍니다.

학습 지도 가이드와 다양한 학습 성취도 평가 자료를 수록했습니다

매주, 매달, 매 단계마다 학습 목표에 따른 지도 내용과 지도 요점, 완벽한 해설을 제공하여 학부모님께서 쉽게 지도하실 수 있습니다. 창의력 문제와 수학 경시 대회 예상 문제를 단계별로 수록, 수학 실력을 완성시켜 줍니다.

과학적 학습 분량으로 공부하는 습관이 몸에 배입니다

하루 10~20분 정도의 과학적 학습량으로 공부에 싫증을 느끼지 않게 하고, 학습에 자신감을 가지도록 하였습니다. 매일 일정 시간 꾸준하게 공부하도록 하면, 시키지 않아도 공부하는 습관이 몸에 배게 됩니다.

「기탄사고력수학」은 체계적이고 장기적인 프로그램으로 꾸준히 학습하면 반드시 성적으로 보답합니다

✿ 스몰 스텝(Small Step)방식으로 꾸준히 학습하면 성적이 올라갑니다

「기탄사고력수학」은 단순히 문제만 나열한 문제집이 아닙니다. 체계적이고 장기적인 학습프로그램을 통해 수학적 사고력과 창의력을 완성시켜 주는 스몰 스텝(Small Step)방식으로 꾸준히 학습하면 반드시 성적이 올라갑니다.

✿ 하루 3장, 10~20분씩 규칙적으로 학습하게 하세요

매일 일정 시간에 일정한 학습량을 꾸준히 재미있게 해야만 학습효과를 높일 수 있습니다. 주별로 분철하기 쉽게 제본되어 있으니, 교재를 구입하시면 먼저 분철하여 일주일 학습 분량만 자녀들에게 나누어 주세요. 그래야만 아이들이 학습 성취감과 자신감을 가질 수 있습니다.

✿ 자녀들의 수준에 알맞은 교재를 선택하세요

〈기탄사고력수학〉은 유아에서 초등학교 6학년까지, 나이와 학년에 관계없이 학습 난이도별로 자신의 능력에 맞는 단계를 선택하여 시작하는 능력별 교재입니다. 그러나 자녀의 수준보다 1~2단계 낮춘 교재부터 시작하면 학습에 더욱 자신감을 갖게 되어 효과적입니다.

교재 구분	교재 구성	대 상
A단계 교재	1, 2, 3, 4집	4세 ~ 5세 아동
B단계 교재	1, 2, 3, 4집	5세 ~ 6세 아동
C단계 교재	1, 2, 3, 4집	6세 ~ 7세 아동
D단계 교재	1, 2, 3, 4집	7세 ~ 초등학교 1학년
E단계 교재	1, 2, 3, 4, 5, 6집	초등학교 1학년
F단계 교재	1, 2, 3, 4, 5, 6집	초등학교 2학년
G단계 교재	1, 2, 3, 4, 5, 6집	초등학교 3학년
H단계 교재	1, 2, 3, 4, 5, 6집	초등학교 4학년
I 단계 교재	1, 2, 3, 4, 5, 6집	초등학교 5학년
J단계 교재	1, 2, 3, 4, 5, 6집	초등학교 6학년

「기탄사고력수학」으로 수학 성적 올리는 일등비법을 공개합니다

※ 문제를 먼저 풀어 주지 마세요

기탄사고력수학은 직관(전체 감지)을 논리(이론과 구체 연결)로 발전시켜 답을 구하도록 구성되었습니다. 쉽게 문제를 풀지 못하더라도 노력하는 과정에서 더 많은 것을 얻을 수 있으니, 약간의 힌트 외에는 자녀가 스스로 끝까지 문제를 풀어 나갈 수 있도록 격려해 주세요.

※ 교재는 이렇게 활용하세요

먼저 자녀들의 능력에 맞는 교재를 선택하세요. 그리고 일주일 분량씩 분철하여 매일 3장씩 풀 수 있도록 해 주세요. 한꺼번에 많은 양의 교재를 주시면 어린이가 부담을 느껴서 학습을 미루거나 포기하기 쉽습니다. 적당한 양을 매일매일 학습하도록 하여 수학 공부하는 재미를 느낄 수 있도록 해 주세요.

※ 교재 학습 과정을 꼭 지켜 주세요

한 주 학습이 끝날 때마다 창의력 문제와 경시 대회 예상 문제를 꼭 풀고 넘어가도록 해 주시고, 한 권(한 달 과정)이 끝나면 성취도 테스트와 종료 테스트를 통해 스스로 실력을 가늠해 볼 수 있도록 도와 주세요. 문제를 다 풀면 반드시 해답지를 이용하여 정확하게 채점해 주시고, 틀린 문제를 체크해 놓았다가 다음에는 확실히 풀 수 있도록 지도해 주세요.

※ 자녀의 학습 관리를 게을리 하지 마세요

수학적 사고는 하루 아침에 생겨나는 것이 아닙니다. 날마다 꾸준히 규칙적으로 학습해 나갈 때에만 비로소 수학적 사고의 기틀이 마련되는 것입니다. 교육은 사랑입니다. 자녀가 학습한 부분을 어머니께서 꼭 확인하시면서 사랑으로 돌봐 주세요. 부모님의 관심 속에서 자란 아이들만이 성적 향상은 물론 이 사회에서 꼭 필요한 인격체로 성장해 나갈 수 있다는 것도 잊지 마세요.

기탄사고력수학 교재별 학습 내용

단계 교재

A - ❶ 교재	A - ❷ 교재
나와 가족에 대하여 알기 바른 행동 알기 다양한 선 그리기 다양한 사물 색칠하기 ○△□ 알기 똑같은 것 찾기 빠진 것 찾기 종류가 같은 것과 다른 것 찾기 관찰력, 논리력, 사고력 키우기	필요한 물건 찾기 관계 있는 것 찾기 다양한 기준에 따라 분류하기 (종류, 용도, 모양, 색깔, 재질, 계절, 성질 등) 두 가지 기준에 따라 분류하기 다섯까지 세기 변별력 키우기 미로 통과하기

A - ❸ 교재	A - ❹ 교재
다양한 기준으로 비교하기 (길이, 높이, 양, 무게, 크기, 두께, 넓이, 속도, 깊이 등) 시간의 순서 비교하기 반대 개념 알기 3까지의 숫자 배우기 그림 퍼즐 맞추기 미로 통과하기	최상급 개념 알기 다양한 기준으로 순서 짓기 (크기, 시간, 길이, 두께 등) 네 가지 이상 비교하기 이중 서열 알기 ABAB, ABCABC의 규칙성 알기 다양한 규칙 이해하기 부분과 전체 알기 5까지의 숫자 배우기 일대일 대응, 일대다 대응 알기 미로 통과하기

단계 교재

B - ❶ 교재	B - ❷ 교재
열까지 세기 9까지의 숫자 배우기 사물의 기본 모양 알기 모양 구성하기 모양 나누기와 합치기 같은 모양, 짝이 되는 모양 찾기 위치 개념 알기 (위, 아래, 앞, 뒤) 위치 파악하기	9까지의 수량, 수 단어, 숫자 연결하기 구체물을 이용한 수 익히기 반구체물을 이용한 수 익히기 위치 개념 알기 (안, 밖, 왼쪽, 가운데, 오른쪽) 다양한 위치 개념 알기 시간 개념 알기 (낮, 밤) 구체물을 이용한 수와 양의 개념 알기 (같다, 많다, 적다)

B - ❸ 교재	B - ❹ 교재
순서대로 숫자 쓰기 거꾸로 숫자 쓰기 1 큰 수와 2 큰 수 알기 1 작은 수와 2 작은 수 알기 반구체물을 이용한 수와 양의 개념 알기 보존 개념 익히기 여러 가지 단위 배우기	순서수 알기 사물의 입체 모양 알기 입체 모양 나누기 두 수의 크기 비교하기 여러 수의 크기 비교하기 0의 개념 알기 0부터 9까지의 수 익히기

단계 교재

C – ❶ 교재	C – ❷ 교재
구체물을 통한 수 가르기 반구체물을 통한 수 가르기 숫자를 도입한 수 가르기 구체물을 통한 수 모으기 반구체물을 통한 수 모으기 숫자를 도입한 수 모으기	수 가르기와 모으기 여러 가지 방법으로 수 가르기 수 모으고 다시 수 가르기 수 가르고 다시 수 모으기 더해 보기 세로로 더해 보기 빼 보기 세로로 빼 보기 더해 보기와 빼 보기 바꾸어서 셈하기
C – ❸ 교재	**C – ❹ 교재**
길이 측정하기 넓이 측정하기 둘레 측정하기 부피 측정하기 활동 시간 알아보기 여러 가지 측정하기 높이 측정하기 크기 측정하기 무게 측정하기 들이 측정하기 시간의 순서 알아보기	열 개 열 개 만들어 보기 열 개 묶어 보기 자리 알아보기 수 '10' 알아보기 10의 크기 알아보기 더하여 10이 되는 수 알아보기 열다섯까지 세어 보기 스물까지 세어 보기

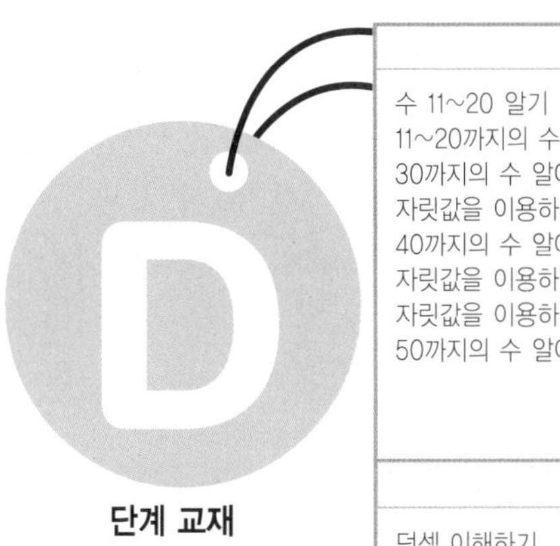

단계 교재

D – ❶ 교재	D – ❷ 교재
수 11~20 알기 11~20까지의 수 알기 30까지의 수 알아보기 자릿값을 이용하여 30까지의 수 나타내기 40까지의 수 알아보기 자릿값을 이용하여 40까지의 수 나타내기 자릿값을 이용하여 50까지의 수 나타내기 50까지의 수 알아보기	상자 모양, 공 모양, 둥근기둥 모양 알아보기 공간 위치 알아보기 입체도형으로 모양 만들기 여러 방향에서 본 모습 관찰하기 평면도형 알아보기 선대칭 모양 알아보기 모양 만들기와 탱그램
D – ❸ 교재	**D – ❹ 교재**
덧셈 이해하기 10이 되는 더하기 여러 가지로 더해 보기 덧셈 익히기 뺄셈 이해하기 10에서 빼기 여러 가지로 빼 보기 뺄셈 익히기	조사하여 기록하기 그래프의 이해 그래프의 활용 분수의 이해 시간 느끼기 사건의 순서 알기 소요 시간 알아보기 달력 보기 시계 보기 활동한 시간 알기

기탄사고력수학 교재별 학습 내용

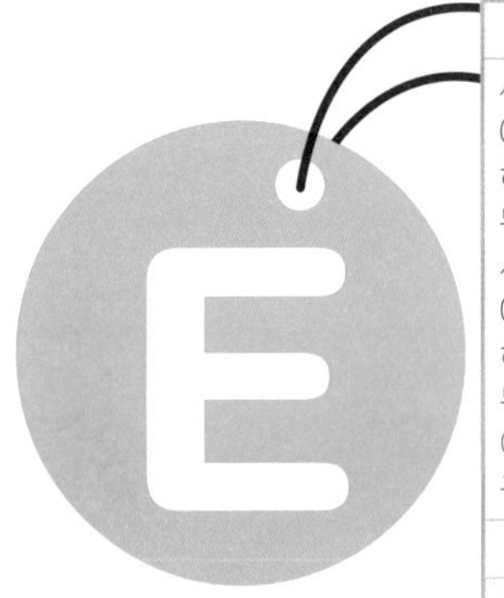

단계 교재

E - ❶ 교재	E - ❷ 교재	E - ❸ 교재
사물의 개수를 세어 보고 1, 2, 3, 4, 5 알아보기	두 수로 가르기	수 10(십) 알아보기
0의 개념과 0~5까지의 수의 순서 알기	두 수를 모으기	19까지의 수 알아보기
하나 더 많다, 적다의 개념 알기	가르기와 모으기	몇십과 몇십 몇 알아보기
두 수의 크기 비교하기	덧셈식 알아보기	물건의 수 세기
사물의 개수를 세어 보고 6, 7, 8, 9 알아보기	뺄셈식 알아보기	50까지 수의 순서 알아보기
0~9까지의 수의 순서 알기	길이 비교해 보기	두 수의 크기 비교하기
하나 더 많다, 적다의 개념 알기	높이 비교해 보기	분류하기
두 수의 크기 비교하기	들이 비교해 보기	분류하여 세어 보기
여러 가지 모양 알아보기, 찾아보기, 만들어 보기	무게 비교해 보기	
규칙 찾기	넓이 비교해 보기	

E - ❹ 교재	E - ❺ 교재	E - ❻ 교재
수 60, 70, 80, 90	10이 되는 더하기	세 수의 덧셈
99까지의 수	10에서 빼기	받아올림이 있는 (몇)+(몇)
수의 순서	세 수의 덧셈과 뺄셈	받아내림이 있는 (십 몇)−(몇)
두 수의 크기 비교	(몇십)+(몇), (몇십 몇)+(몇),	세 수의 계산
여러 가지 모양 알아보기, 찾아보기	(몇십 몇)+(몇십 몇)	덧셈식, 뺄셈식 만들기
여러 가지 모양 만들기, 그리기	(몇십 몇)−(몇), (몇십 몇)−(몇십 몇)	□가 있는 덧셈식, 뺄셈식 만들기
규칙 찾기	긴바늘, 짧은바늘 알아보기	여러 가지 방법으로 해결하기
10을 두 수로 가르기	몇 시 알아보기	
10이 되도록 두 수를 모으기	몇 시 30분 알아보기	

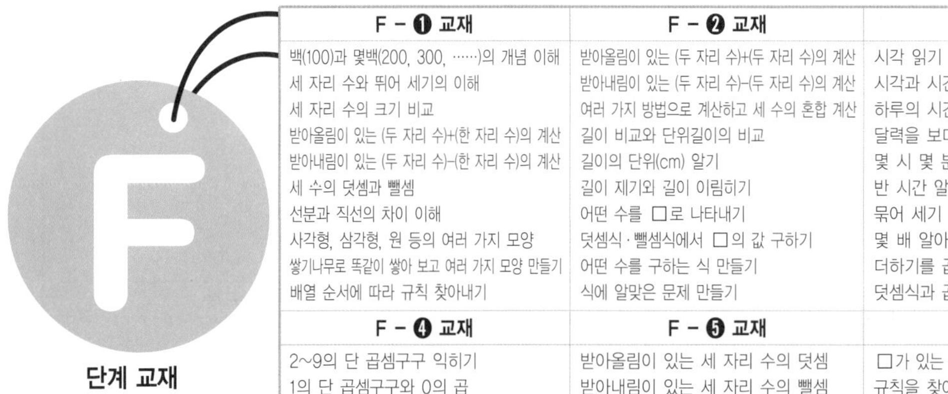

단계 교재

F - ❶ 교재	F - ❷ 교재	F - ❸ 교재
백(100)과 몇백(200, 300, ……)의 개념 이해	받아올림이 있는 (두 자리 수)+(두 자리 수)의 계산	시각 읽기
세 자리 수와 뛰어 세기의 이해	받아내림이 있는 (두 자리 수)−(두 자리 수)의 계산	시각과 시간의 차이 알기
세 자리 수의 크기 비교	여러 가지 방법으로 계산하고 세 수의 혼합 계산	하루의 시간 알기
받아올림이 있는 (두 자리 수)+(한 자리 수)의 계산	길이 비교와 단위길이의 비교	달력을 보며 1년 알기
받아내림이 있는 (두 자리 수)−(한 자리 수)의 계산	길이의 단위(cm) 알기	몇 시 몇 분 전 알기
세 수의 덧셈과 뺄셈	길이 재기와 길이 어림하기	반 시간 알기
선분과 직선의 차이 이해	어떤 수를 □로 나타내기	묶어 세기
사각형, 삼각형, 원 등의 여러 가지 모양	덧셈식·뺄셈식에서 □의 값 구하기	몇 배 알아보기
쌓기나무로 똑같이 쌓아 보고 여러 가지 모양 만들기	어떤 수를 구하는 식 만들기	더하기를 곱하기로 나타내기
배열 순서에 따라 규칙 찾아내기	식에 알맞은 문제 만들기	덧셈식과 곱셈식으로 나타내기

F - ❹ 교재	F - ❺ 교재	F - ❻ 교재
2~9의 단 곱셈구구 익히기	받아올림이 있는 세 자리 수의 덧셈	□가 있는 곱셈식을 만들어 문제 해결하기
1의 단 곱셈구구와 0의 곱	받아내림이 있는 세 자리 수의 뺄셈	규칙을 찾아 문제 해결하기
곱셈표에서 규칙 찾기	여러 가지 방법으로 덧셈·뺄셈하기	거꾸로 생각하여 문제 해결하기
받아올림이 없는 세 자리 수의 덧셈	세 수의 혼합 계산	
받아내림이 없는 세 자리 수의 뺄셈	똑같이 나누기	
여러 가지 방법으로 계산하기	전체와 부분의 크기	
미터(m)와 센티미터(cm)	분수의 쓰기와 읽기	
길이 재기	분수만큼 색칠하고 분수로 나타내기	
길이 어림하기	표와 그래프로 나타내기	
길이의 합과 차	조사하여 표와 그래프로 나타내기	

단계 교재

G - ❶ 교재	G - ❷ 교재	G - ❸ 교재
1000의 개념 알기 몇천, 네 자리 수 알기 수의 자릿값 알기 뛰어 세기, 두 수의 크기 비교 세 자리 수의 덧셈 덧셈의 여러 가지 방법 세 자리 수의 뺄셈 뺄셈의 여러 가지 방법 각과 직각의 이해 직각삼각형, 직사각형, 정사각형의 이해	똑같이 묶어 덜어 내기와 똑같게 나누기 나눗셈의 몫 곱셈과 나눗셈의 관계 나눗셈의 몫을 구하는 방법 나눗셈의 세로 형식 곱셈을 활용하여 나눗셈의 몫 구하기 평면도형 밀기, 뒤집기, 돌리기 평면도형 뒤집고 돌리기 (몇십)×(몇)의 계산 (두 자리 수)×(한 자리 수)의 계산	분수만큼 알기와 분수로 나타내기 몇 개인지 알기 분수의 크기 비교 mm 단위를 알기와 mm 단위까지 길이 재기 km 단위를 알기 km, m, cm, mm의 단위가 있는 길이의 합과 차 구하기 시각과 시간의 개념 알기 1초의 개념 알기 시간의 합과 차 구하기
G - ❹ 교재	**G - ❺ 교재**	**G - ❻ 교재**
(네 자리 수)+(세 자리 수) (네 자리 수)+(네 자리 수) (네 자리 수)-(세 자리 수) (네 자리 수)-(네 자리 수) 세 수의 덧셈과 뺄셈 (세 자리 수)×(한 자리 수) (몇십)×(몇십) / (두 자리 수)×(몇십) (두 자리 수)×(두 자리 수) 원의 중심과 반지름 / 그리기 / 지름 / 성질	(몇십)÷(몇) 내림이 없는 (몇십 몇)÷(몇) 나눗셈의 몫과 나머지 나눗셈식의 검산 / (몇십 몇)÷(몇) 들이 / 들이의 단위 들이의 어림하기와 합과 차 무게 / 무게의 단위 무게의 어림하기와 합과 차 0.1 / 소수 알아보기 소수의 크기 비교하기	막대그래프 막대그래프 그리기 그림그래프 그림그래프 그리기 알맞은 그래프로 나타내기 규칙을 정해 무늬 꾸미기 규칙을 찾아 문제 해결 표를 만들어서 문제 해결 예상과 확인으로 문제 해결

단계 교재

H - ❶ 교재	H - ❷ 교재	H - ❸ 교재
만 / 다섯 자리 수 / 십만, 백만, 천만 억 / 조 / 큰 수 뛰어서 세기 두 수의 크기 비교 100, 1000, 10000, 몇백, 몇천의 곱 (세,네 자리 수)×(두 자리 수) 세 수의 곱셈 / 몇십으로 나누기 (두,세 자리 수)÷(두 자리 수) 각의 크기 / 각 그리기 / 각도의 합과 차 삼각형의 세 각의 크기의 합 사각형의 네 각의 크기의 합	이등변삼각형 / 이등변삼각형의 성질 정삼각형 / 예각과 둔각 예각삼각형 / 둔각삼각형 덧셈, 뺄셈 또는 곱셈, 나눗셈이 섞여 있는 혼합 계산 덧셈, 뺄셈, 곱셈, 나눗셈이 섞여 있는 혼합 계산 ( ), { }가 있는 혼합 계산 분수와 진분수 / 가분수와 대분수 대분수를 가분수로, 가분수를 대분수로 나타내기 분모가 같은 분수의 크기 비교	소수 소수 두 자리 수 소수 세 자리 수 소수 사이의 관계 소수의 크기 비교 규칙을 찾아 수로 나타내기 규칙을 찾아 글로 나타내기 새로운 무늬 만들기
H - ❹ 교재	**H - ❺ 교재**	**H - ❻ 교재**
분모가 같은 진분수의 덧셈 분모가 같은 대분수의 덧셈 분모가 같은 진분수의 뺄셈 분모가 같은 대분수의 뺄셈 분모가 같은 대분수와 진분수의 덧셈과 뺄셈 소수의 덧셈 / 소수의 뺄셈 수직과 수선 / 수선 긋기 평행선 / 평행선 긋기 평행선 사이의 거리	사다리꼴 / 평행사변형 / 마름모 직사각형과 정사각형의 성질 다각형과 정다각형 / 대각선 여러 가지 모양 만들기 여러 가지 모양으로 덮기 직사각형과 정사각형의 둘레 1cm^2 / 직사각형과 정사각형의 넓이 여러 가지 도형의 넓이 이상과 이하 / 초과와 미만 / 수의 범위 올림과 버림 / 반올림 / 어림의 활용	꺾은선그래프 꺾은선그래프 그리기 물결선을 사용한 꺾은선그래프 물결선을 사용한 꺾은선그래프 그리기 알맞은 그래프로 나타내기 꺾은선그래프의 활용 두 수 사이의 관계 두 수 사이의 관계를 식으로 나타내기 문제를 해결하고 풀이 과정을 설명하기

I - ❶ 교재	I - ❷ 교재	I - ❸ 교재
약수 / 배수 / 배수와 약수의 관계 공약수와 최대공약수 공배수와 최소공배수 크기가 같은 분수 알기 크기가 같은 분수 만들기 분수의 약분 / 분수의 통분 분수의 크기 비교 / 진분수의 덧셈 대분수의 덧셈 / 진분수의 뺄셈 대분수의 뺄셈 / 세 분수의 덧셈과 뺄셈	세 분수의 덧셈과 뺄셈 (진분수)×(자연수) / (대분수)×(자연수) (자연수)×(진분수) / (자연수)×(대분수) (단위분수)×(단위분수) (진분수)×(진분수) / (대분수)×(대분수) 세 분수의 곱셈 / 합동인 도형의 성질 합동인 삼각형 그리기 면, 모서리, 꼭짓점 직육면체와 정육면체 직육면체의 성질 / 겨냥도 / 전개도	평행사변형의 넓이 삼각형의 넓이 사다리꼴의 넓이 마름모의 넓이 넓이의 단위 m^2, a 넓이의 단위 ha, km^2 넓이의 단위 관계 무게의 단위

I - ❹ 교재	I - ❺ 교재	I - ❻ 교재
분수와 소수의 관계 분수를 소수로, 소수를 분수로 나타내기 분수와 소수의 크기 비교 1÷(자연수)를 곱셈으로 나타내기 (자연수)÷(자연수)를 곱셈으로 나타내기 (진분수)÷(자연수) / (가분수)÷(자연수) (대분수)÷(자연수) 분수와 자연수의 혼합 계산 선대칭도형/선대칭의 위치에 있는 도형 점대칭도형/점대칭의 위치에 있는 도형	(소수)×(자연수) / (자연수)×(소수) 곱의 소수점의 위치 (소수)×(소수) 소수의 곱셈 (소수)÷(자연수) (자연수)÷(자연수) 줄기와 잎 그림 그림그래프 평균 자료를 그래프로 나타내고 설명하기	두 수의 크기 비교 비율 백분율 할푼리 실제로 해 보기와 표 만들기 그림 그리기와 식 만들기 예상하고 확인하기와 표 만들기 실제로 해 보기와 규칙 찾기

J - ❶ 교재	J - ❷ 교재	J - ❸ 교재
(자연수)÷(단위분수) 분모가 같은 진분수끼리의 나눗셈 분모가 다른 진분수끼리의 나눗셈 (자연수)÷(진분수) / 대분수의 나눗셈 분수의 나눗셈 활용하기 소수의 나눗셈 / (자연수)÷(소수) 소수의 나눗셈에서 나머지 반올림한 몫 입체도형과 각기둥 / 각뿔 각기둥의 전개도 / 각뿔의 전개도	쌓기나무의 개수 쌓기나무의 각 자리, 각 층별로 나누어 개수 구하기 규칙 찾기 쌓기나무로 만든 것, 여러 가지 입체도형, 여러 가지 생활 속 건축물의 위, 앞, 옆 에서 본 모양 원주와 원주율 / 원의 넓이 띠그래프 알기 / 띠그래프 그리기 원그래프 알기 / 원그래프 그리기	비례식 비의 성질 가장 작은 자연수의 비로 나타내기 비례식의 성질 비례식의 활용 연비 두 비의 관계를 연비로 나타내기 연비의 성질 비례배분 연비로 비례배분

J - ❹ 교재	J - ❺ 교재	J - ❻ 교재
(소수)÷(분수) / (분수)÷(소수) 분수와 소수의 혼합 계산 원기둥 / 원기둥의 전개도 원뿔 회전체 / 회전체의 단면 직육면체와 정육면체의 겉넓이 부피의 비교 / 부피의 단위 직육면체와 정육면체의 부피 부피의 큰 단위 부피와 들이 사이의 관계	원기둥의 겉넓이 원기둥의 부피 경우의 수 순서가 있는 경우의 수 여러 가지 경우의 수 확률 미지수를 x로 나타내기 등식 알기 / 방정식 알기 등식의 성질을 이용하여 방정식 풀기 방정식의 활용	두 수 사이의 대응 관계 / 정비례 정비례를 활용하여 생활 문제 해결하기 반비례 반비례를 활용하여 생활 문제 해결하기 그림을 그리거나 식을 세워 문제 해결하기 거꾸로 생각하거나 식을 세워 문제 해결하기 표를 작성하거나 예상과 확인을 통하여 문제 해결하기 여러 가지 방법으로 문제 해결하기 새로운 문제를 만들어 풀어 보기

사고력도 탄탄! 창의력도 탄탄!

기탄사고력수학

F241a ~ F255b

학습 관리표

학습 내용		이번 주는?
덧셈과 뺄셈 (2)	· 받아올림이 있는 세 자리 수의 덧셈 · 여러 가지 방법으로 덧셈하기 · 받아내림이 있는 세 자리 수의 뺄셈 · 여러 가지 방법으로 뺄셈하기 · 세 수의 혼합 계산 · 창의력 학습 · 경시 대회 예상 문제	• 학습 방법 : ① 매일매일 ② 가끔 ③ 한꺼번에 하였습니다. • 학습 태도 : ① 스스로 잘 ② 시켜서 억지로 하였습니다. • 학습 흥미 : ① 재미있게 ② 싫증내며 하였습니다. • 교재 내용 : ① 적합하다고 ② 어렵다고 ③ 쉽다고 하였습니다.

지도 교사가 부모님께	부모님이 지도 교사께

평가	Ⓐ 아주 잘함	Ⓑ 잘함	Ⓒ 보통	Ⓓ 부족함

원(교) 반 이름 전화

기초부터 탄탄하게
G 기탄교육
www.gitan.co.kr / (02)586-1007(대)

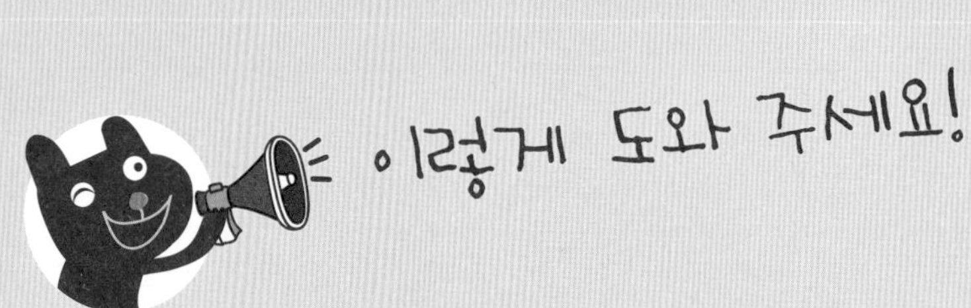

● 학습 목표

– 받아올림이 한 번 또는 두 번 있는 세 자리 수의 덧셈을 할 수 있다.
– 받아내림이 한 번 또는 두 번 있는 세 자리 수의 뺄셈을 할 수 있다.
– 세 자리 수인 세 수의 덧셈, 뺄셈, 혼합 계산을 할 수 있다.

● 지도 내용

– 세 자리 수끼리의 덧셈에서 받아올림이 한 번 또는 두 번 있는 덧셈 원리를 이해하고 계산하게 한다.
– 세 자리 수끼리의 뺄셈에서 받아내림이 한 번 또는 두 번 있는 뺄셈 원리를 이해하고 계산하게 한다.
– 세 자리 수인 세 수의 덧셈, 뺄셈, 혼합 계산의 방법을 알고 계산하게 한다.

● 지도 요점

받아올림과 받아내림이 있는 세 자리 수끼리의 계산에서는 수 모형이나 동전 등을 이용하여 받아올림과 받아내림이 이루어지는 과정을 아이들이 스스로 이해할 수 있도록 합니다. 그리고 세 자리 수끼리의 계산은 일, 십, 백의 자리 순서로 받아올림과 받아내림을 바르게 하면서 정확하고 신속하게 계산할 수 있도록 합니다.
세 수의 계산에서 모두 덧셈으로 연결된 경우에는 순서에 관계없이 세 수를 모두 더하면 됩니다. 그러나 모두 뺄셈으로 연결되었거나 덧셈과 뺄셈이 섞인 경우에는 반드시 앞에서부터 차례로 계산해야 합니다. 아이들의 경우에는 이런 2가지 경우를 나누어 지도하면 혼란을 줄 수 있으므로, 덧셈으로 연결된 경우에 대해 이해할 수 있도록 설명해 준 후, 가급적 세 수의 계산은 앞에서부터 차례로 계산할 수 있도록 합니다.

이름 :

날짜 :

시간 : 시 분 ~ 시 분

확인

◆ 받아올림이 한 번 있는 세 자리 수의 덧셈

```
•  3 4 6          3 4 6          3 4 6          3 4 6
 + 2 2 7   →    + 2 2 7   →    + 2 2 7   →    + 2 2 7
 -------        -------        -------        -------
                      3            7 3          5 7 3

•  2 8 6          2 8 6          2 8 6          2 8 6
 + 3 6 2   →    + 3 6 2   →    + 3 6 2   →    + 3 6 2
 -------        -------        -------        -------
                      8            4 8          6 4 8
```

각 자리 숫자끼리의 합이 10이거나 10보다 크면 바로 윗자리로 받아올림하여 계산합니다.

다음 □ 안에 알맞은 숫자를 써넣으시오.(1~2)

1.

```
   5 6 7            □                □                □
 + 3 2 8   →      5 6 7    →       5 6 7    →       5 6 7
 -------        + 3 2 8          + 3 2 8          + 3 2 8
                -------          -------          -------
                      □              □ □            □ □ □
```

2.

```
   2 5 4                             □                □
 + 2 6 3   →      2 5 4    →       2 5 4    →       2 5 4
 -------        + 2 6 3          + 2 6 3          + 2 6 3
                -------          -------          -------
                      □              □ □            □ □ □
```

다음 □ 안에 알맞은 숫자를 써넣으시오.(3~10)

3.

$$\begin{array}{r} \square \\ 548 \\ +\ \ 29 \\ \hline \square \end{array}$$

4.

$$\begin{array}{r} \square \\ 558 \\ +\ \ 71 \\ \hline \square \end{array}$$

5.

$$\begin{array}{r} \square \\ 58 \\ +\ 738 \\ \hline \square \end{array}$$

6.

$$\begin{array}{r} \square \\ 50 \\ +\ 488 \\ \hline \square \end{array}$$

7.

$$\begin{array}{r} \square \\ 324 \\ +\ 156 \\ \hline \square \end{array}$$

8.

$$\begin{array}{r} \square \\ 472 \\ +\ 342 \\ \hline \square \end{array}$$

9.

$$\begin{array}{r} \square \\ 273 \\ +\ 619 \\ \hline \square \end{array}$$

10.

$$\begin{array}{r} \square \\ 153 \\ +\ 294 \\ \hline \square \end{array}$$

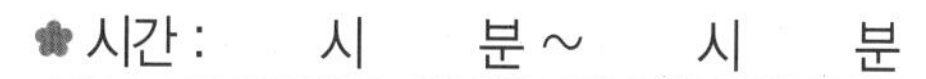

이름 :
날짜 :
시간 : 시 분 ~ 시 분

◆ **받아올림이 두 번 있는 세 자리 수의 덧셈**

- $476 + 84$: $6+4=10$ → 0 (1 받아올림), $1+7+8=16$ → 6 (1 받아올림), $1+4=5$ → 560
- $357 + 285$: $7+5=12$ → 2 (1 받아올림), $1+5+8=14$ → 4 (1 받아올림), $1+3+2=6$ → 642

각 자리 숫자끼리의 합이 10이거나 10보다 크면 바로 윗자리로 받아올림하여 계산합니다.

다음 □ 안에 알맞은 숫자를 써넣으시오.(1~2)

1. $476 + 39$ → □ → □□ → □□□

2. $547 + 386$ → □ → □□ → □□□

다음 □ 안에 알맞은 숫자를 써넣으시오.(3~10)

3.
```
   □□
   1 8 1
+    4 9
--------
   [    ]
```

4.
```
   □□
   3 8 7
+    9 7
--------
   [    ]
```

5.
```
   □□
     7 6
+  4 8 6
--------
   [    ]
```

6.
```
   □□
     8 5
+  2 2 8
--------
   [    ]
```

7.
```
   □□
   2 5 9
+  3 9 7
--------
   [    ]
```

8.
```
   □□
   3 3 4
+  5 8 7
--------
   [    ]
```

9.
```
   □□
   1 8 3
+  2 8 8
--------
   [    ]
```

10.
```
   □□
   5 6 5
+  2 3 5
--------
   [    ]
```

이름 :

날짜 :

시간 : 시 분 ~ 시 분

확인

다음 계산을 하시오.(1~8)

1. $\begin{array}{r} 436 \\ +\ \ 46 \\ \hline \end{array}$

2. $\begin{array}{r} 83 \\ +463 \\ \hline \end{array}$

3. $\begin{array}{r} 166 \\ +\ \ 95 \\ \hline \end{array}$

4. $\begin{array}{r} 27 \\ +375 \\ \hline \end{array}$

5. $\begin{array}{r} 207 \\ +546 \\ \hline \end{array}$

6. $\begin{array}{r} 294 \\ +381 \\ \hline \end{array}$

7. $\begin{array}{r} 369 \\ +483 \\ \hline \end{array}$

8. $\begin{array}{r} 789 \\ +191 \\ \hline \end{array}$

다음 계산을 하시오.(9~18)

9. 38+637=

10. 865+42=

11. 238+94=

12. 96+419=

13. 622+238=

14. 118+355=

15. 443+385=

16. 180+130=

17. 248+452=

18. 289+258=

1. 326+495를 여러 가지 방법으로 계산하여 보시오.

(1) 326 + 495

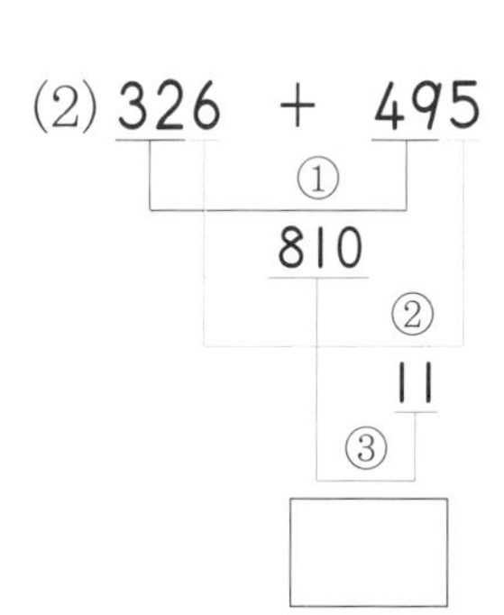

① 495는 500보다 ☐ 작은 수입니다.

② 326에 ☐ 을 더합니다.

③ 495 대신 500을 더했으므로 826에서 5를 빼면 ☐ 입니다.

(2) 326 + 495

① 320과 ☐ 을 먼저 더합니다.

② 6과 ☐ 를 더합니다.

③ ①과 ②에서 구한 값을 더하면 ☐ 입니다.

2. 498+302를 [보기]와 같은 방법으로 계산하여 보시오.

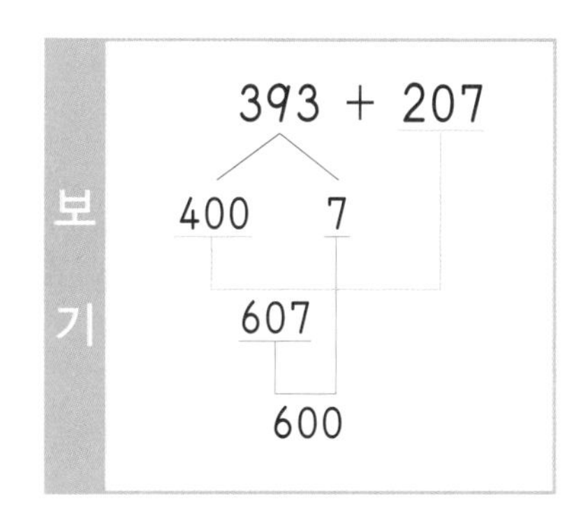

498 + 302

3. 다람쥐 집에 도토리가 180개 있습니다. 오늘 도토리를 54개 더 주워 왔습니다. 도토리는 모두 몇 개가 되었습니까?

[식] [답]

4. 고은이는 단풍잎 75장과 은행잎 125장을 주웠습니다. 고은이가 주운 단풍잎과 은행잎은 모두 몇 장입니까?

[식] [답]

5. 소연이네 학교 2학년 남학생은 129명, 여학생은 118명입니다. 소연이네 학교 2학년 학생 수는 모두 몇 명입니까?

[식] [답]

6. 상자 속에 구슬이 187개 들어 있었는데 148개를 더 넣었습니다. 상자 속에 들어 있는 구슬은 모두 몇 개입니까?

[식] [답]

이름 :
날짜 :
시간 : 시 분 ~ 시 분

◆ **받아내림이 한 번 있는 세 자리 수의 뺄셈**

• $282 - 136 \rightarrow$ (일의 자리) 6 $\rightarrow$ (십의 자리, 7 10) 46 $\rightarrow$ (백의 자리) 146

• $407 - 273 \rightarrow$ (일의 자리) 4 $\rightarrow$ (십의 자리, 3 10) 34 $\rightarrow$ (백의 자리) 134

같은 자리의 숫자끼리 뺄 수 없을 때에는 바로 윗자리에서 받아내림하여 계산합니다.

다음 □ 안에 알맞은 숫자를 써넣으시오.(1~2)

1. $673 - 338 \rightarrow$ □ $\rightarrow$ □□ $\rightarrow$ □□□

2. $567 - 294 \rightarrow$ □ $\rightarrow$ □□ $\rightarrow$ □□□

다음 □ 안에 알맞은 숫자를 써넣으시오.(3~10)

3.

□□
7 ~~4~~ 3
− 　2 9
□

4.

□□
~~6~~ 2 5
− 　9 4
□

5.

□□
5 ~~8~~ 4
− 　4 6
□

6.

□□
~~9~~ 7 5
− 　9 0
□

7.

□□
3 ~~6~~ 0
− 2 5 1
□

8.

□□
~~6~~ 1 7
− 3 5 2
□

9.

□□
5 ~~5~~ 8
− 2 3 9
□

10.

□□
~~7~~ 0 8
− 2 3 4
□

* 이름 :
* 날짜 :
* 시간 : 시 분 ~ 시 분

◆ **받아내림이 두 번 있는 세 자리 수의 뺄셈**

• $541 - 63$ → 일의 자리: $11 - 3 = 8$ (위 자리 3, 10) → 십의 자리: $13 - 6 = 7$ (4, 13, 10) → 백의 자리: 4 (4, 13, 10) → 478

• $532 - 268$ → 일의 자리: $12 - 8 = 4$ (위 자리 2, 10) → 십의 자리: $12 - 6 = 6$ (4, 12, 10) → 백의 자리: $4 - 2 = 2$ (4, 12, 10) → 264

같은 자리의 숫자끼리 뺄 수 없을 때에는 바로 윗자리에서 받아내림하여 계산합니다.

다음 □ 안에 알맞은 숫자를 써넣으시오.(1~2)

1. $461 - 69$ → □□ $461 - 69 =$ □ → □□□ $461 - 69 =$ □□ → □□□ $461 - 69 =$ □□□

2. $534 - 278$ → □□ $534 - 278 =$ □ → □□□ $534 - 278 =$ □□ → □□□ $534 - 278 =$ □□□

다음 □ 안에 알맞은 숫자를 써넣으시오.(3~10)

3.

$$\begin{array}{r} \square\square\square \\ 413 \\ -\ \ 74 \\ \hline \square \end{array}$$

4.

$$\begin{array}{r} \square\square\square \\ 854 \\ -\ \ 97 \\ \hline \square \end{array}$$

5.

$$\begin{array}{r} \square\square\square \\ 740 \\ -\ \ 79 \\ \hline \square \end{array}$$

6.

$$\begin{array}{r} \square\square\square \\ 920 \\ -\ \ 78 \\ \hline \square \end{array}$$

7.

$$\begin{array}{r} \square\square\square \\ 762 \\ -\ 175 \\ \hline \square \end{array}$$

8.

$$\begin{array}{r} \square\square\square \\ 621 \\ -\ 386 \\ \hline \square \end{array}$$

9.

$$\begin{array}{r} \square\square\square \\ 535 \\ -\ 189 \\ \hline \square \end{array}$$

10.

$$\begin{array}{r} \square\square\square \\ 873 \\ -\ 675 \\ \hline \square \end{array}$$

❀ 이름 :

❀ 날짜 :

다음 계산을 하시오.(1~8)

1.
$$\begin{array}{r} 975 \\ -\quad 38 \\ \hline \end{array}$$

2.
$$\begin{array}{r} 728 \\ -\quad 54 \\ \hline \end{array}$$

3.
$$\begin{array}{r} 433 \\ -\quad 46 \\ \hline \end{array}$$

4.
$$\begin{array}{r} 250 \\ -\quad 56 \\ \hline \end{array}$$

5.
$$\begin{array}{r} 312 \\ -103 \\ \hline \end{array}$$

6.
$$\begin{array}{r} 803 \\ -210 \\ \hline \end{array}$$

7.
$$\begin{array}{r} 611 \\ -444 \\ \hline \end{array}$$

8.
$$\begin{array}{r} 500 \\ -162 \\ \hline \end{array}$$

다음 계산을 하시오.(9~18)

9. $874-69=$

10. $208-56=$

11. $533-97=$

12. $300-13=$

13. $651-126=$

14. $760-308=$

15. $746-394=$

16. $663-482=$

17. $832-686=$

18. $627-138=$

● 이름 :
● 날짜 :
● 시간 : 시 분 ~ 시 분

1. 624－297을 여러 가지 방법으로 계산하여 보시오.

(1) 624 － 297

① 297은 300보다 □ 작은 수입니다.

② 624에서 □ 을 뺍니다.

③ 297 대신 300을 뺐으므로 324에 3을 더하면 □ 입니다.

(2) 624 － 297

① 624에 □ 을 더하여 627로 생각합니다.

② 297에 □ 을 더하여 300으로 생각합니다.

③ 627에서 300을 빼면 □ 입니다.

2. 609－295를 [보기]와 같은 방법으로 계산하여 보시오.

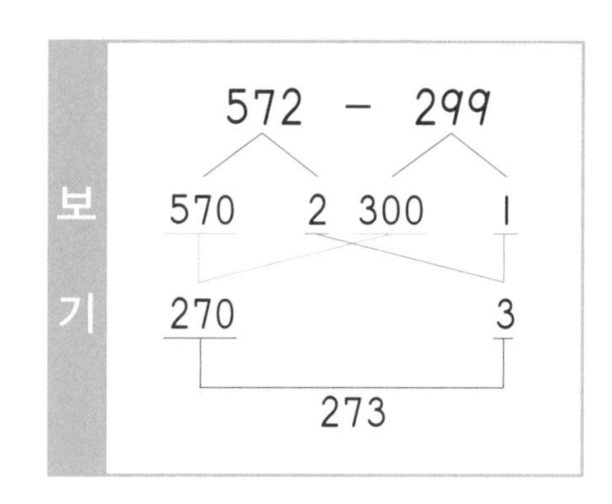

609 － 295

3. 사과 273개 중에서 18개가 썩었습니다. 썩지 않은 사과는 몇 개입니까?

[식] [답]

4. 운동장에 모인 남학생은 207명이고, 여학생은 남학생보다 29명 더 적습니다. 운동장에 모인 여학생은 몇 명입니까?

[식] [답]

5. 정민이는 246쪽인 동화책을 읽고 있습니다. 지금까지 164쪽을 읽었습니다. 다 읽으려면 몇 쪽을 더 읽어야 합니까?

[식] [답]

6. 우표를 준우는 145장, 미진이는 210장 모았습니다. 누가 우표를 몇 장 더 많이 모았습니까?

[식] [답] ,

❀ 이름 :

❀ 날짜 :

❀ 시간 : 시 분 ~ 시 분

◆ **세 수의 덧셈과 뺄셈**

$283+235+72=590$

$$\begin{array}{r} 283 \\ +235 \\ \hline 518 \end{array} \quad \rightarrow \quad \begin{array}{r} 518 \\ +\ \ 72 \\ \hline 590 \end{array}$$

세 수의 덧셈은 더하는 순서를 바꾸어 계산해도 그 합은 같습니다.

$756-28-245=483$

$$\begin{array}{r} 756 \\ -\ \ 28 \\ \hline 728 \end{array} \quad \rightarrow \quad \begin{array}{r} 728 \\ -245 \\ \hline 483 \end{array}$$

세 수의 뺄셈은 반드시 앞에서부터 차례로 계산해야 합니다.

다음 □ 안에 알맞은 수를 써넣으시오.(1~2)

1. $345+38+168=$ □

$$\begin{array}{r} 345 \\ +\ \ 38 \\ \hline \square \end{array} \quad \rightarrow \quad \begin{array}{r} \square \\ +168 \\ \hline \square \end{array}$$

2. $825-387-53=$ □

$$\begin{array}{r} 825 \\ -387 \\ \hline \square \end{array} \quad \rightarrow \quad \begin{array}{r} \square \\ -\ \ 53 \\ \hline \square \end{array}$$

◆ 세 수의 혼합 계산

$647+56-230=473$

$$\begin{array}{r} 647 \\ +\ 56 \\ \hline 703 \end{array} \rightarrow \begin{array}{r} 703 \\ -230 \\ \hline 473 \end{array}$$

$556-239+90=407$

$$\begin{array}{r} 556 \\ -239 \\ \hline 317 \end{array} \rightarrow \begin{array}{r} 317 \\ +\ 90 \\ \hline 407 \end{array}$$

덧셈과 뺄셈이 섞여 있는 세 수의 계산은 반드시 앞에서부터 차례로 계산해야 합니다.

다음 □ 안에 알맞은 수를 써넣으시오.(3~4)

3. $462+283-68=\square$

$$\begin{array}{r} 462 \\ +283 \\ \hline \square \end{array} \rightarrow \begin{array}{r} \square \\ -\ 68 \\ \hline \square \end{array}$$

4. $706-52+138=\square$

$$\begin{array}{r} 706 \\ -\ 52 \\ \hline \square \end{array} \rightarrow \begin{array}{r} \square \\ +138 \\ \hline \square \end{array}$$

❀ 이름 :

❀ 날짜 :

❀ 시간 : 시 분 ~ 시 분

다음 □ 안에 알맞은 수를 써넣으시오.(1~6)

1. 283+238+94= □

2. 905−263−357= □

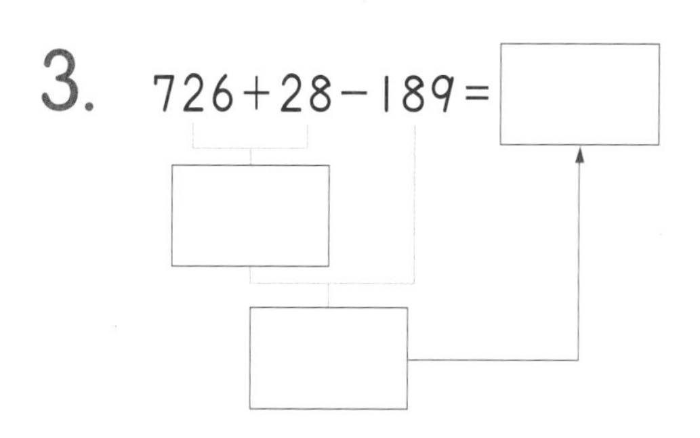

3. 726+28−189= □

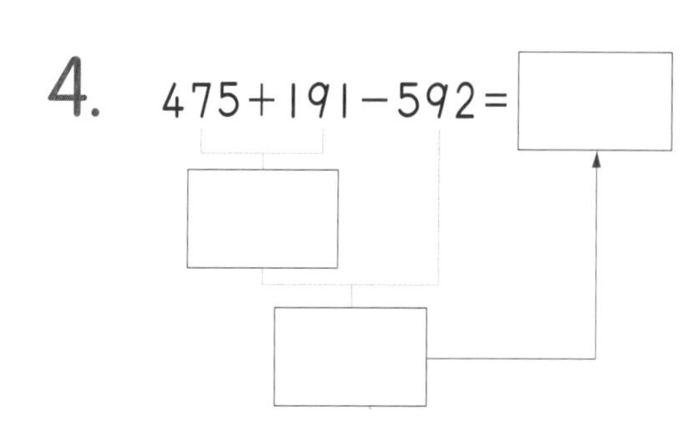

4. 475+191−592= □

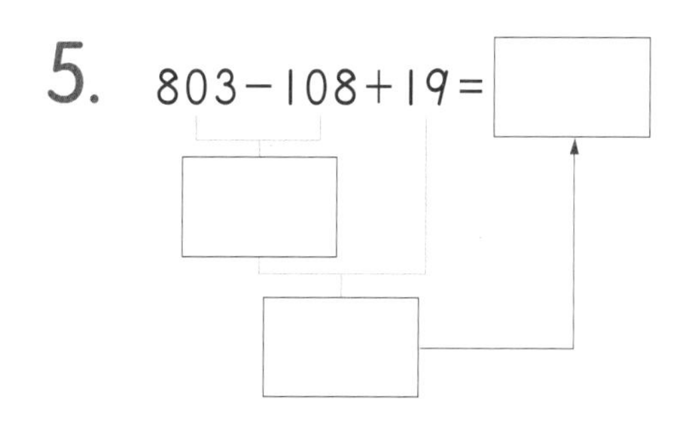

5. 803−108+19= □

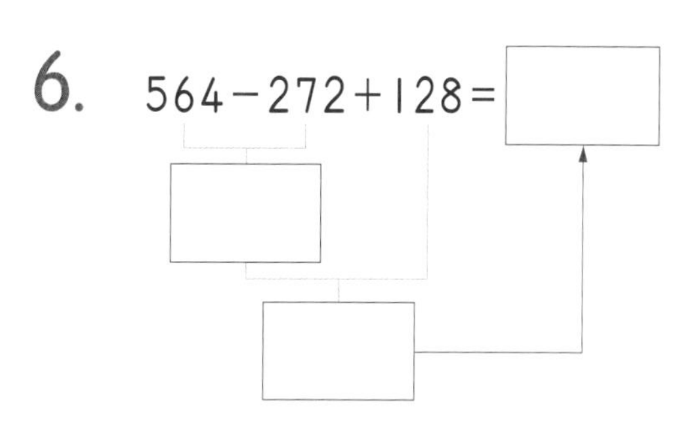

6. 564−272+128= □

7. 상자 안에 빨간색 구슬 106개, 파란색 구슬 58개, 노란색 구슬 136개가 들어 있습니다. 상자 안에 들어 있는 구슬은 모두 몇 개입니까?

[식] [답]

8. 송편 300개를 만들려고 합니다. 아빠는 109개, 엄마는 144개를 만들었습니다. 몇 개를 더 만들어야 합니까?

[식] [답]

9. 과일 가게에 파란 사과가 185개, 빨간 사과가 172개 있습니다. 그중에서 94개를 팔았습니다. 남은 사과는 몇 개입니까?

[식] [답]

10. 도서실에 책이 457권 있습니다. 그중에서 239권을 빌려 갔습니다. 그 뒤에 빌려 간 책 중에서 94권을 가져왔습니다. 지금 도서실에는 책이 몇 권 있습니까?

[식] [답]

* 이름 :
* 날짜 :
* 시간 : 시 분 ~ 시 분

1. 258+63이 몇백 몇십쯤 되는지 알아보려고 합니다. □ 안에 알맞은 수를 써넣으시오.

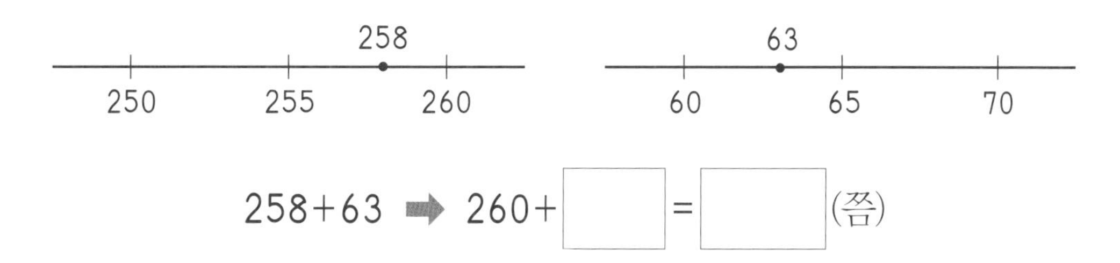

258+63 ➡ 260+□=□(쯤)

2. 742−89가 몇백 몇십쯤 되는지 알아보려고 합니다. □ 안에 알맞은 수를 써넣으시오.

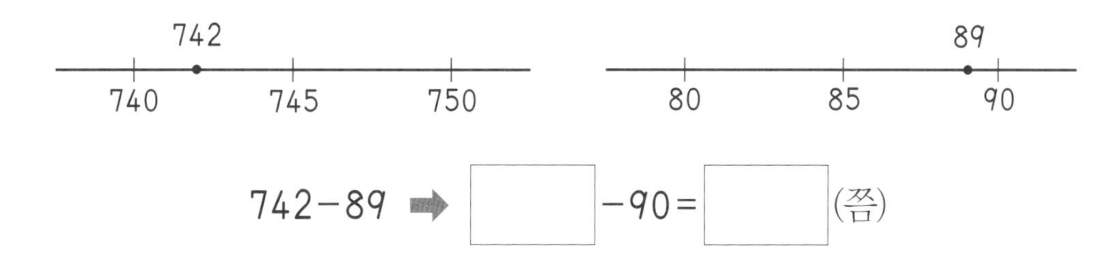

742−89 ➡ □−90=□(쯤)

3. 가장 가까운 수를 찾아 선으로 이으시오.

63+451 •	• 480 •	• 602−91
	• 490 •	
194+308 •	• 500 •	• 611−129
	• 510 •	

4. 빈칸에 알맞은 수를 써넣으시오.

(1)

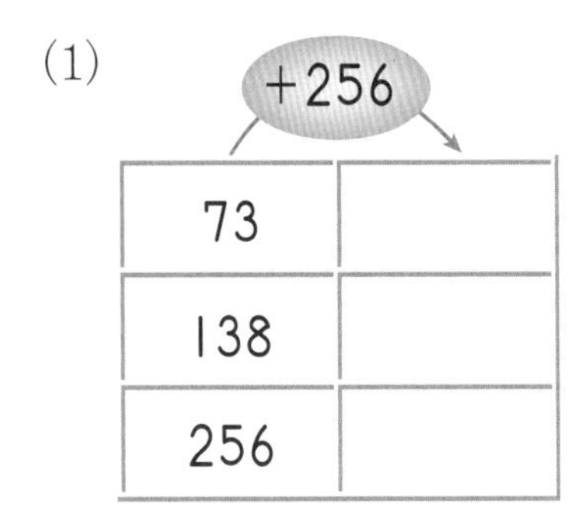

+256	
73	
138	
256	

(2)

−67	
174	
300	
559	

5. 계산 결과가 큰 것부터 차례로 기호를 쓰시오.

㉠ 525+16	㉡ 236+278
㉢ 603−88	㉣ 729−189

[답]

6. □ 안에 알맞은 수를 써넣으시오.

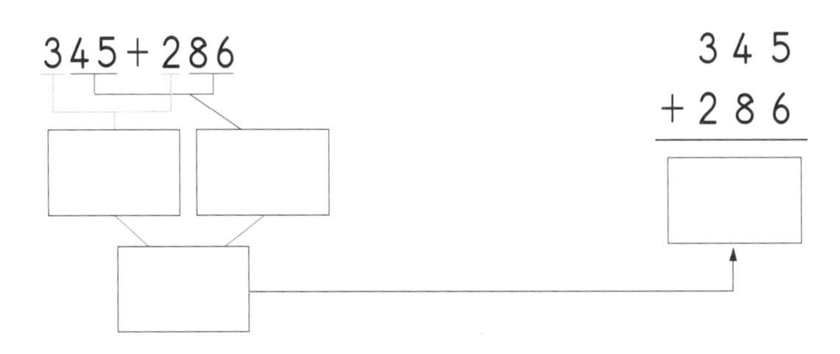

● 이름 :

● 날짜 :

● 시간 : 시 분 ~ 시 분

1. □ 안에 알맞은 수를 써넣으시오.

2. □ 안에 알맞은 수를 써넣으시오.

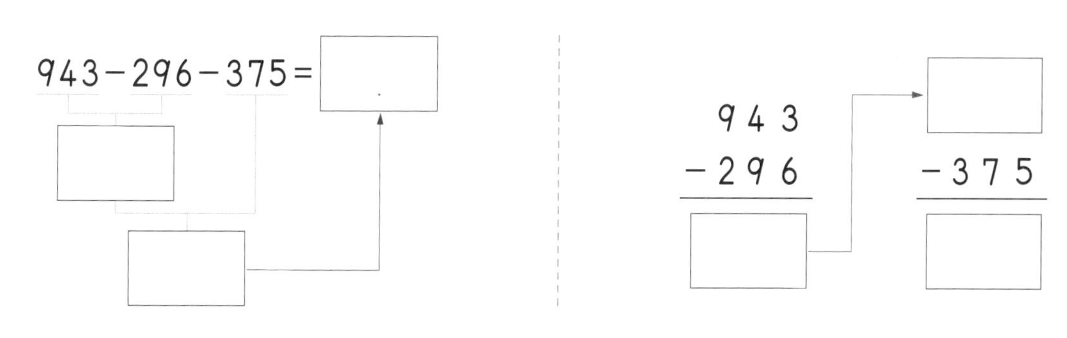

3. □ 안에 알맞은 수를 써넣으시오.

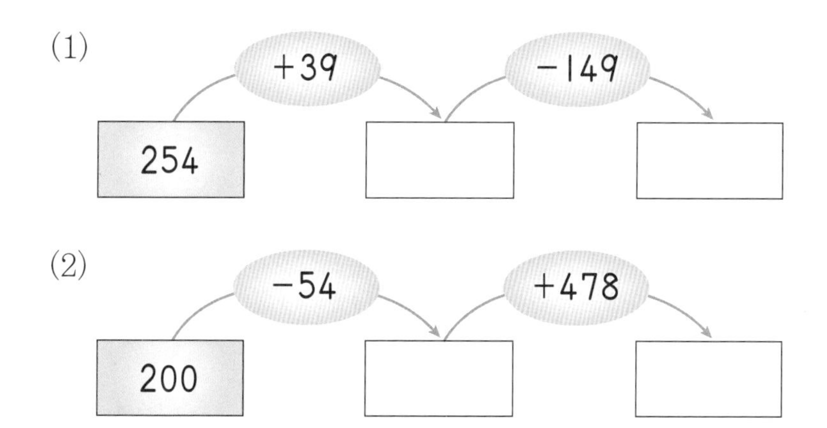

4. 검은색 바둑돌은 248개 있고, 흰색 바둑돌은 검은색 바둑돌보다 7개 더 많이 있습니다. 바둑돌은 모두 몇 개 있습니까?

[답]

5. 언니는 종이학을 243개 접었고, 동생은 언니보다 62개 더 적게 접었습니다. 언니와 동생이 접은 종이학은 모두 몇 개입니까?

[답]

6. 은비네 집에서 문구점까지는 254걸음, 문구점에서 은행까지는 92걸음, 은비네 집에서 문구점과 은행을 거쳐 우체국까지는 528걸음입니다. 은행에서 우체국까지는 몇 걸음입니까?

[답]

7. 백의 자리 숫자는 5, 십의 자리 숫자는 0, 일의 자리 숫자는 5인 세 자리 수에 415와 107의 차를 더하면 얼마입니까?

[답]

이름 :

날짜 :

시간 : 시 분 ~ 시 분

확인

창의력 학습

처음의 나는 백의 자리 숫자가 8인 가장 큰 세 자리 수였습니다. 그런데 10씩 뛰어서 10번 세었더니 나중의 내가 되었습니다. 나중의 나는 얼마인지 □ 안에 써넣으시오.

주사위를 던져서 나올 수 있는 눈의 수는 1부터 6까지입니다. 주사위를 던져서 첫째 번 나온 수 6을 일의 자리, 둘째 번 나온 수 3을 십의 자리, 셋째 번 나온 수 5를 백의 자리로 하여 세 자리 수를 만들었습니다.

주사위를 던져서 나온 수 3, 5, 6을 한 번씩만 사용하여 만들 수 있는 세 자리 수 중에서 위에 만들어진 수보다 큰 세 자리 수를 모두 쓰시오.

❀ 이름 :

❀ 날짜 :

❀ 시간 : 시 분 ~ 시 분

경시 대회 예상 문제

1. ○ 안에 $>$, $=$, $<$를 알맞게 써넣으시오.

(1) $356+127$  $702-219$

(2) $745-183$ 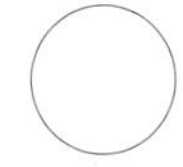 $258+294$

(3) $465+348-106$ 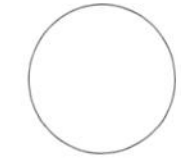 $805-308+281$

2. □ 안에 알맞은 숫자를 써넣으시오.

(1)
$$\begin{array}{r} 7\ 8\ \square \\ +\ 1\ \square\ 5 \\ \hline \square\ 2\ 3 \end{array}$$

(2)
$$\begin{array}{r} 8\ 0\ \square \\ -\ 3\ \square\ 7 \\ \hline \square\ 0\ 9 \end{array}$$

3. □ 안에 알맞은 수를 써넣으시오.

(1) $562+\square=703$

(2) $\square+463=732$

(3) $440-\square=305$

(4) $\square-275=325$

4. □ 안에 알맞은 수를 써넣으시오.

(1) 255+387=(250+□)+(390−□)

=(250+390)+(□−□)

=□+□

=□

(2) 643−498=(643+2)−(498+□)

=645−□

=□

5. 수직선을 보고 ㉮와 ㉯의 차보다 397 큰 수를 구하시오.

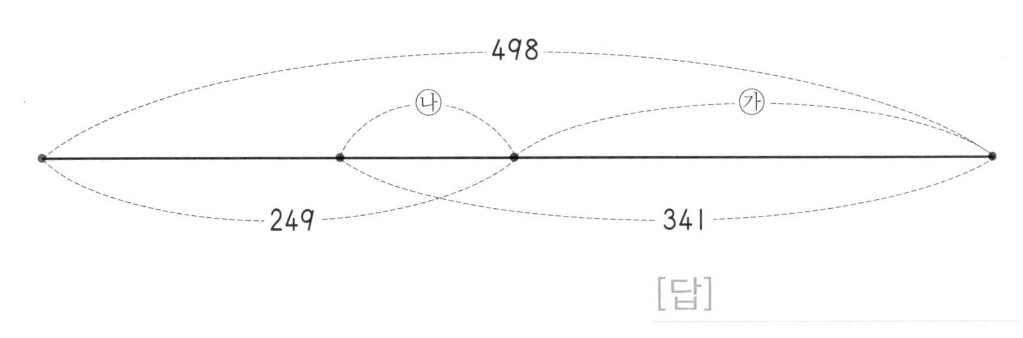

[답]

6. 숫자 카드 중에서 □ 안에 알맞은 숫자를 찾아 쓰시오.

(1)
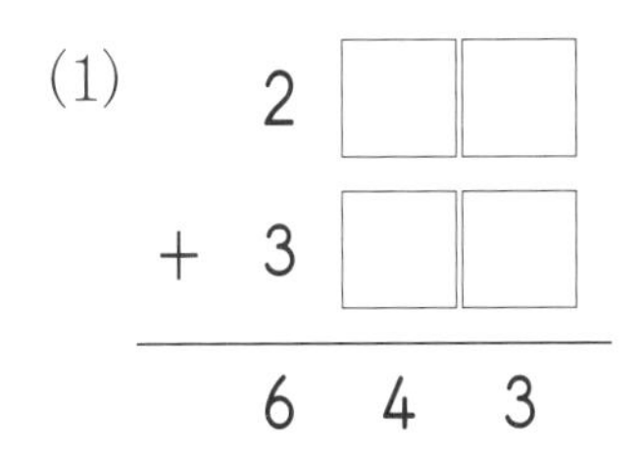

(2)
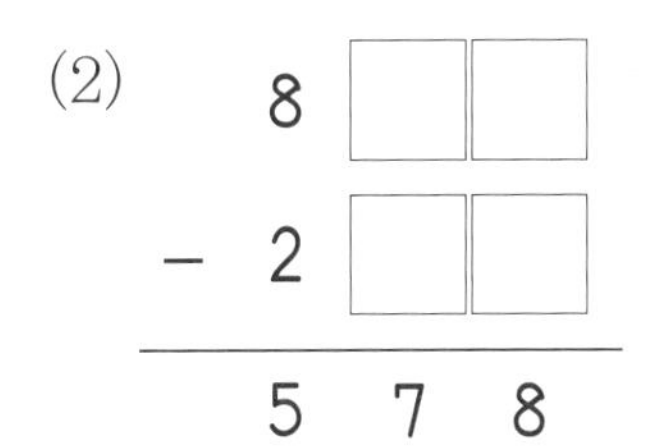

7. □ 안에 들어갈 수 있는 숫자를 모두 쓰시오.

(1) 458+22□<683

[답]

(2) 275<958-6□3

[답]

8. □ 안에 알맞은 수를 써넣으시오.

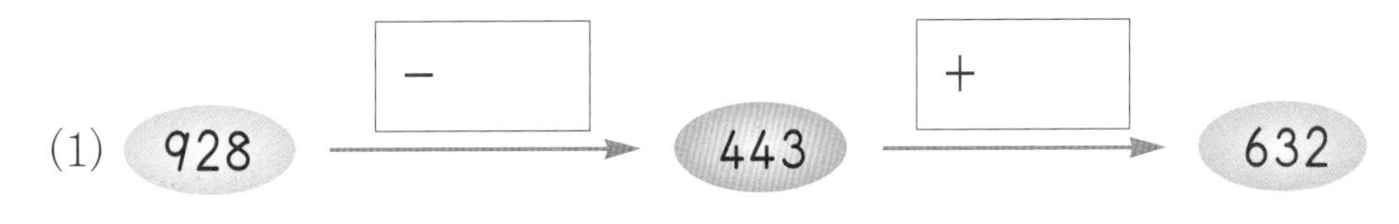

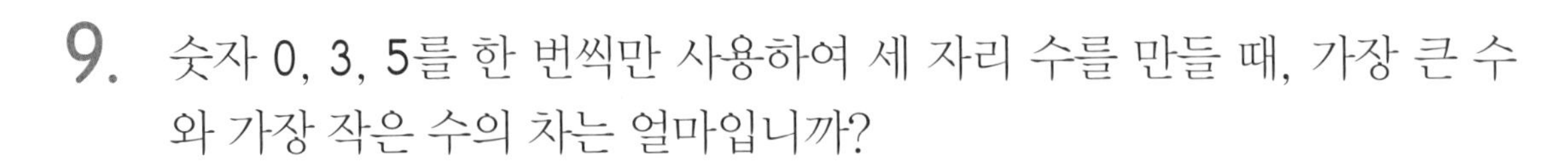

9. 숫자 0, 3, 5를 한 번씩만 사용하여 세 자리 수를 만들 때, 가장 큰 수와 가장 작은 수의 차는 얼마입니까?

[답]

10. 100이 3, 10이 18, 1이 56인 수보다 387 큰 수는 얼마입니까?

[답]

11. 백의 자리 숫자는 5, 십의 자리 숫자는 0, 일의 자리 숫자는 5인 수에 415와 197의 차를 더하면 얼마입니까?

[답]

12. 어떤 수에서 296을 빼야 할 것을 잘못하여 더했더니 713이 되었습니다. 바르게 계산하면 얼마입니까?

[답]

사고력도 탄탄! 창의력도 탄탄!

기탄사고력수학

F256a ~ F270b

학습 관리표

학습 내용		이번 주는?
분수	· 똑같이 나누기 · 전체와 부분의 크기 · 분수의 쓰기와 읽기 · 분수만큼 색칠하기 · 분수로 나타내기 · 창의력 학습 · 경시 대회 예상 문제	• 학습 방법 : ① 매일매일 ② 가끔 ③ 한꺼번에 하였습니다. • 학습 태도 : ① 스스로 잘 ② 시켜서 억지로 하였습니다. • 학습 흥미 : ① 재미있게 ② 싫증내며 하였습니다. • 교재 내용 : ① 적합하다고 ② 어렵다고 ③ 쉽다고 하였습니다.

지도 교사가 부모님께	부모님이 지도 교사께

평가	Ⓐ 아주 잘함	Ⓑ 잘함	Ⓒ 보통	Ⓓ 부족함

원(교) 반 이름 전화

기초부터 탄탄하게 기탄교육
www.gitan.co.kr / (02)586-1007(대)

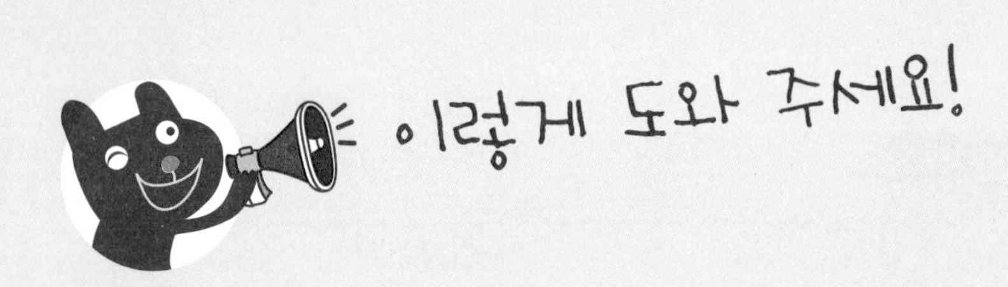

● 학습 목표

- 구체물 및 반구체물이 똑같이 나누어진 것을 찾을 수 있고, 똑같이 나눌 수 있다.
- 똑같이 나누어진 전체와 부분의 크기를 비교함으로써 분수의 정의를 이해할 수 있다.
- 분수의 크기만큼 색칠하거나 색칠된 부분을 분수로 나타낼 수 있다.

● 지도 내용

- 전체를 똑같이 나누어 보게 한다.
- 똑같이 나누어진 전체와 부분의 크기를 비교하여 분수로 나타내어 보게 한다.
- 분수의 크기만큼 색칠하여 보고, 색칠된 부분을 분수로 나타내어 보게 한다.

● 지도 요점

학생들은 분수 개념을 처음으로 접하게 됩니다. 전체가 1인 연속량을 똑같은 크기의 부분으로 나누어 보는 경험을 통해 등분할(어떤 수나 양을 몇 개로 똑같이 나눈 것)의 개념을 이해하고, 이것을 기초로 등분할 된 전체에 대하여 부분의 수를 나타내는 의미로서의 분수 개념을 갖게 됩니다.

구체물이나 반구체물의 등분할은 색종이 접기와 같은 조작 활동을 통하여 도입합니다. 등분할을 지도할 때에는 등분할이 아닌 경우도 함께 보여 주어 등분할의 개념을 정확하게 정립시켜 줄 필요가 있습니다. 부분을 분수로 나타내는 활동이 익숙해지면, 역으로 쉽게 등분할 수 있는 구체물이나 반구체물에서 주어진 분수를 나타내는 활동을 통하여 분수의 개념을 심화시키도록 지도합니다.

✿ 이름 :

✿ 날짜 :

✿ 시간 : 시 분 ~ 시 분

◆ 똑같이 나누기

• 똑같이 둘로 나누기

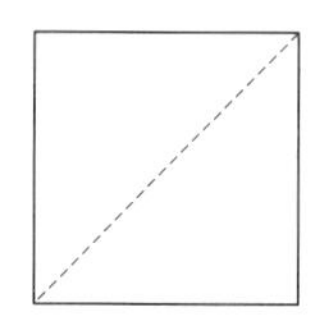 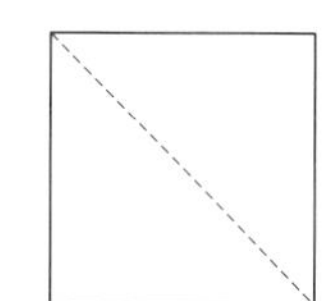 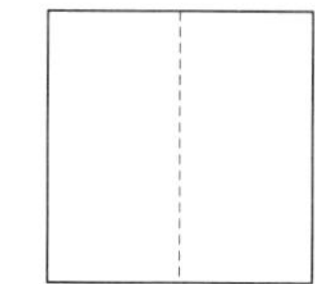 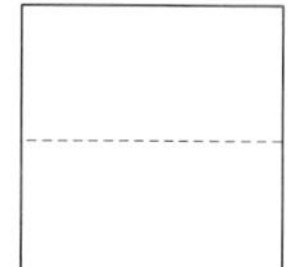

• 똑같이 넷으로 나누기

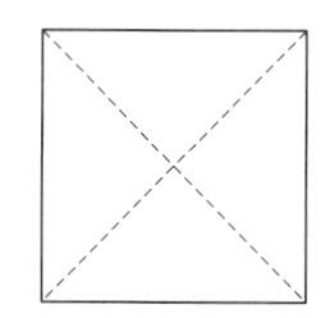 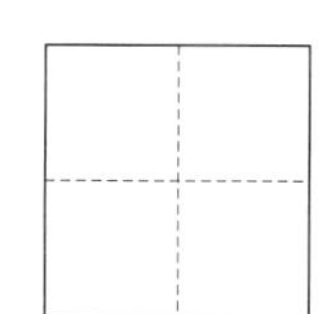 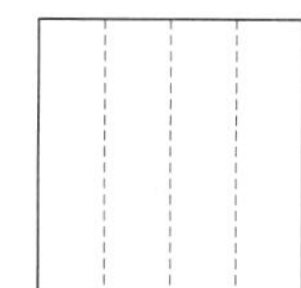 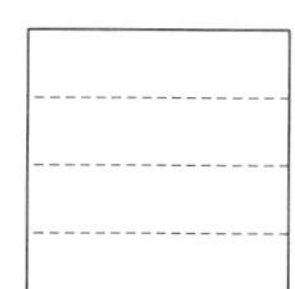

1. 똑같이 둘로 나누어진 것을 모두 고르시오.

㉮ 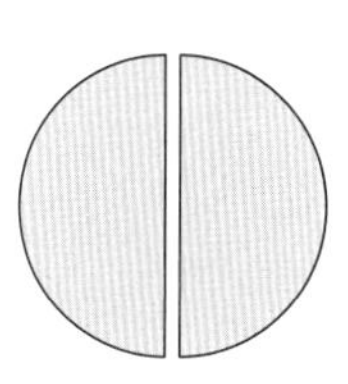 ㉯ 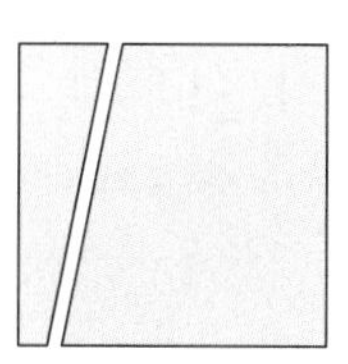 ㉰ 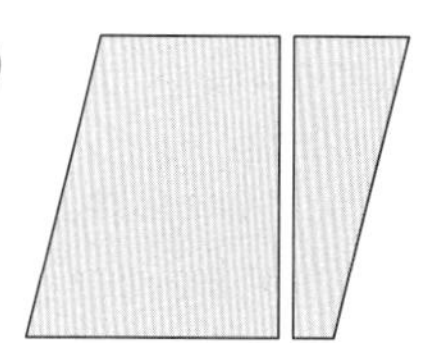 ㉱ 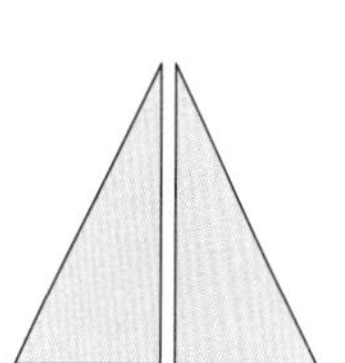

2. 똑같이 넷으로 나누어진 것을 모두 고르시오.

㉮  ㉯ 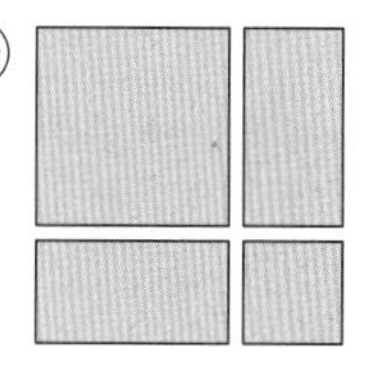 ㉰ 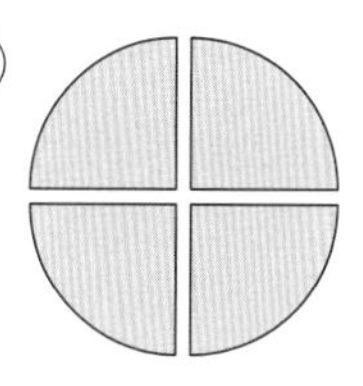 ㉱ 

다음 도형을 보고 물음에 답하시오.(3~6)

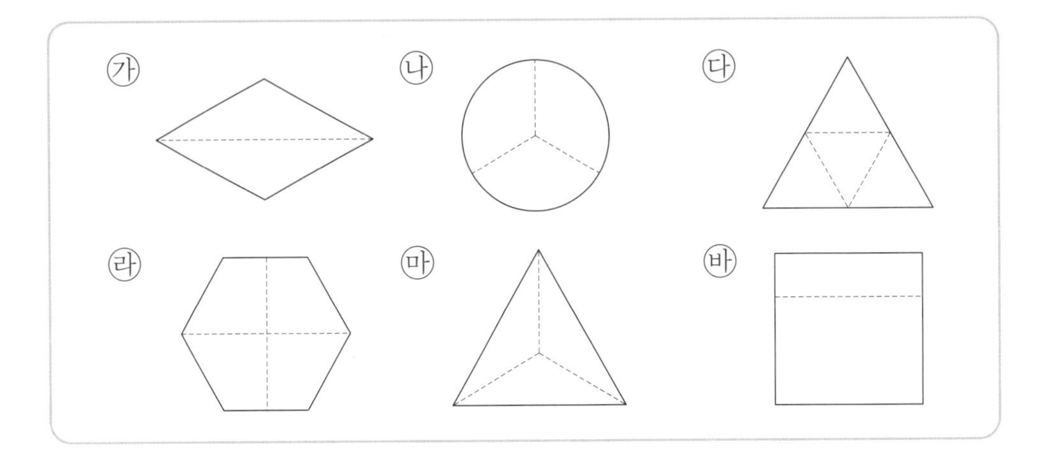

3. 똑같이 나누어지지 않은 도형을 찾아 기호를 쓰시오.

[답]

4. 똑같이 둘로 나누어진 도형을 찾아 기호를 쓰시오.

[답]

5. 똑같이 셋으로 나누어진 도형을 모두 찾아 기호를 쓰시오.

[답]

6. 똑같이 넷으로 나누어진 도형을 모두 찾아 기호를 쓰시오.

[답]

이름 :
날짜 :
시간 : 시 분 ~ 시 분

1. 똑같이 둘로 나누어 보시오.

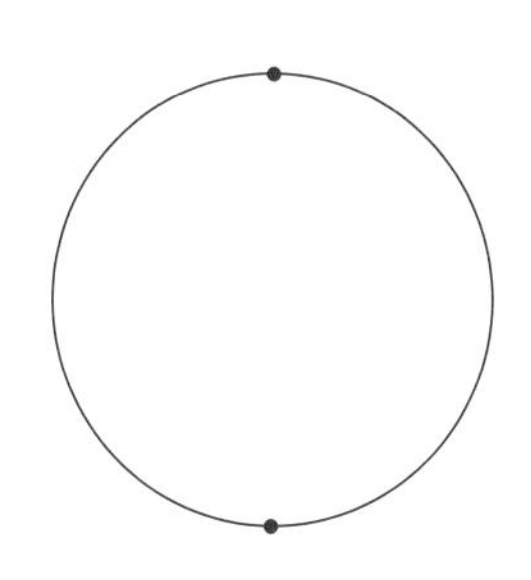
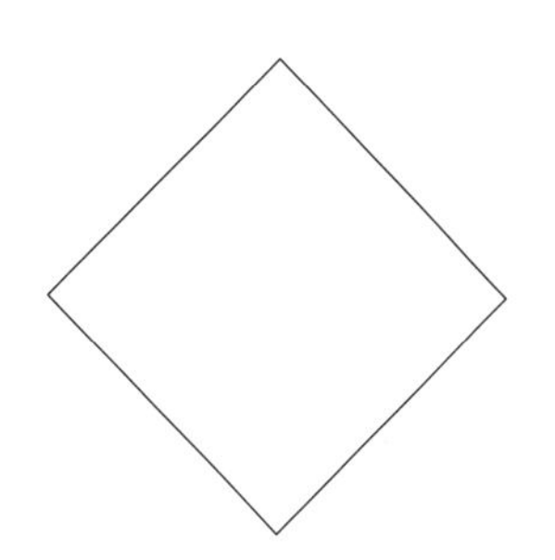

2. 똑같이 셋으로 나누어 보시오.

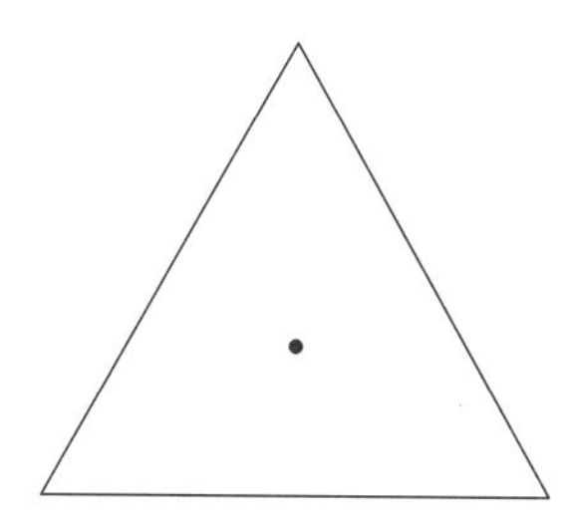
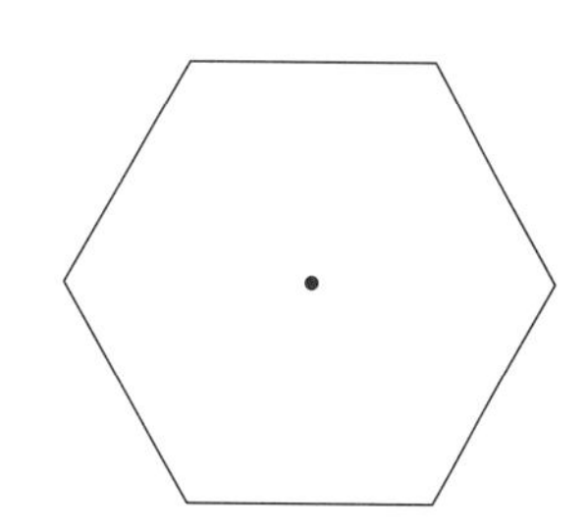

3. 똑같이 넷으로 나누어 보시오.

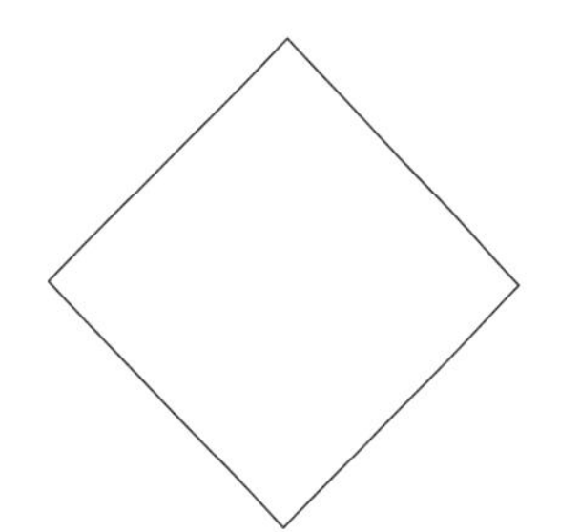

다음 도형을 주어진 수만큼 똑같이 나누어 보시오.(4~9)

4.

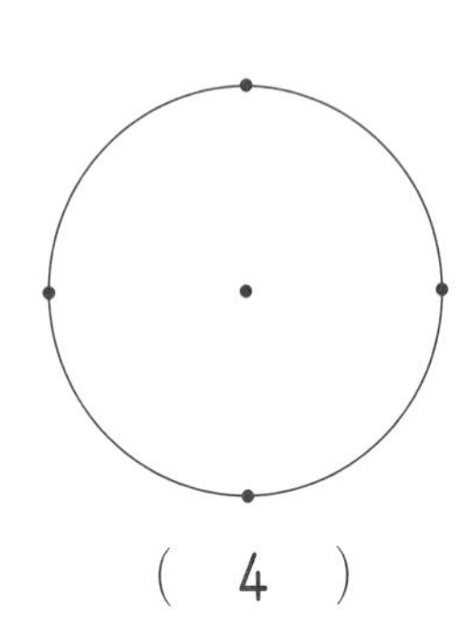

(4)

5.

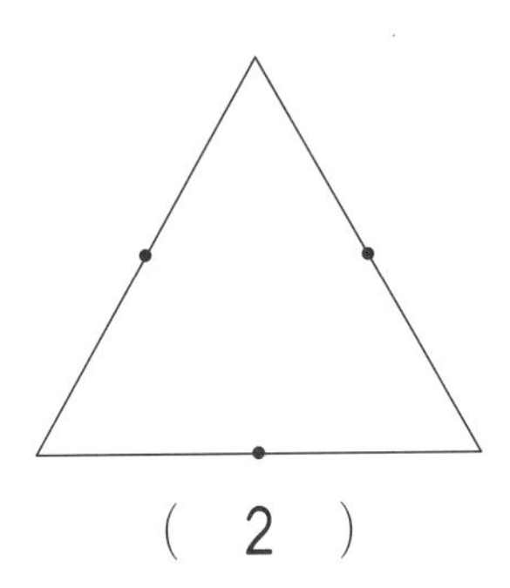

(2)

6.

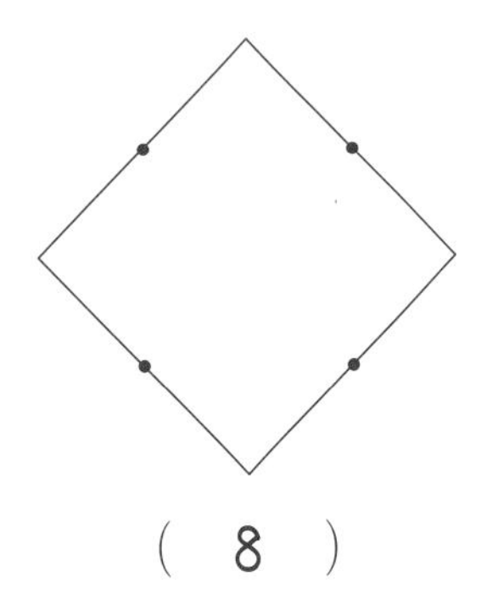

(8)

7.

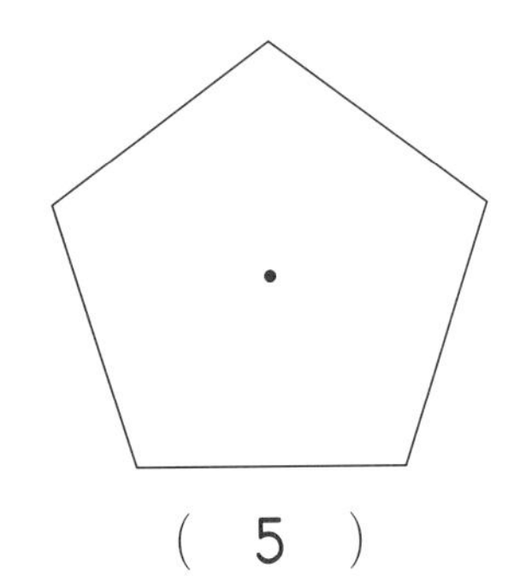

(5)

8.

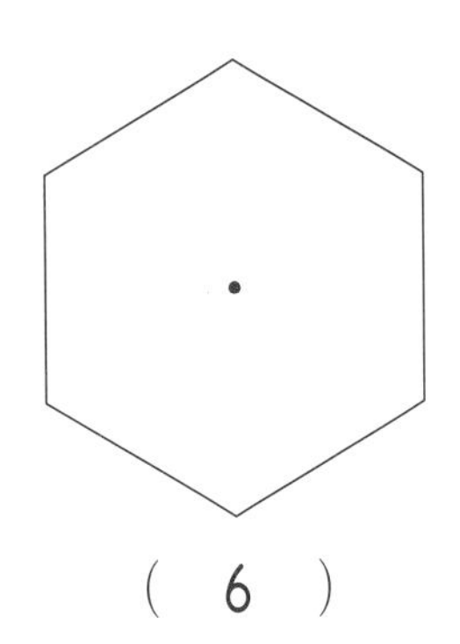

(6)

9.

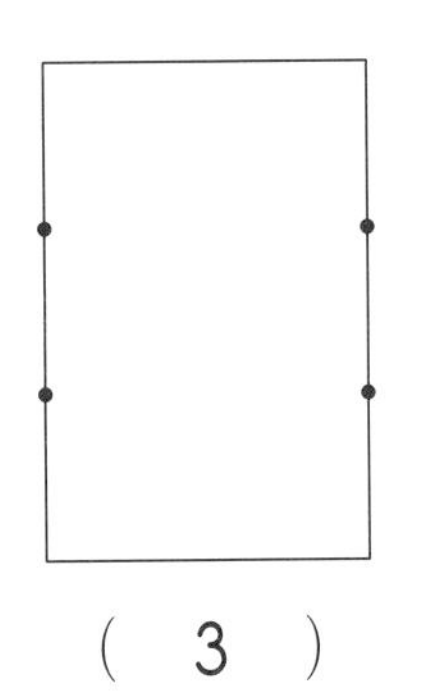

(3)

◆ 전체와 부분의 크기

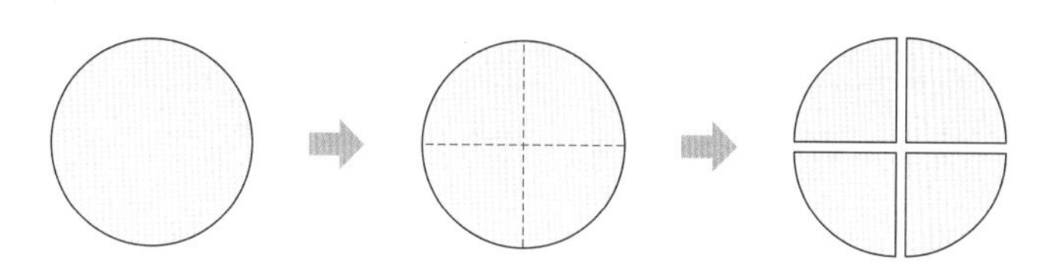

- 나누어진 부분 , , 은 전체 보다 크기가 작습니다.
- 부분 은 전체 를 똑같이 4로 나눈 것 중의 1입니다.

다음 □ 안에 알맞은 수를 써넣으시오.(1~2)

1.

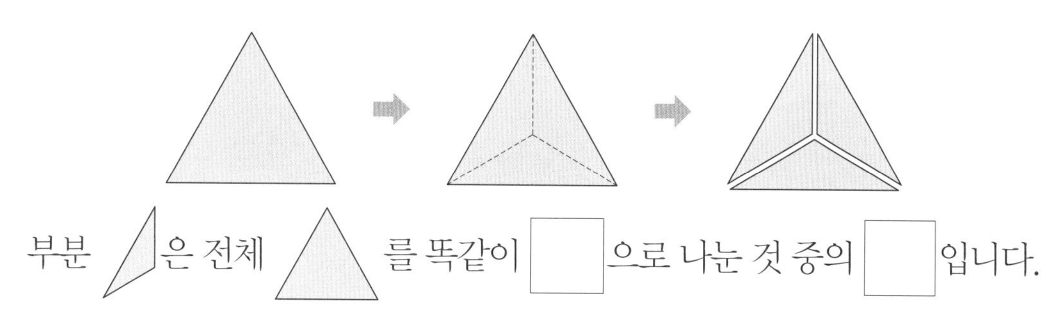

부분 은 전체 를 똑같이 □ 으로 나눈 것 중의 □ 입니다.

2.

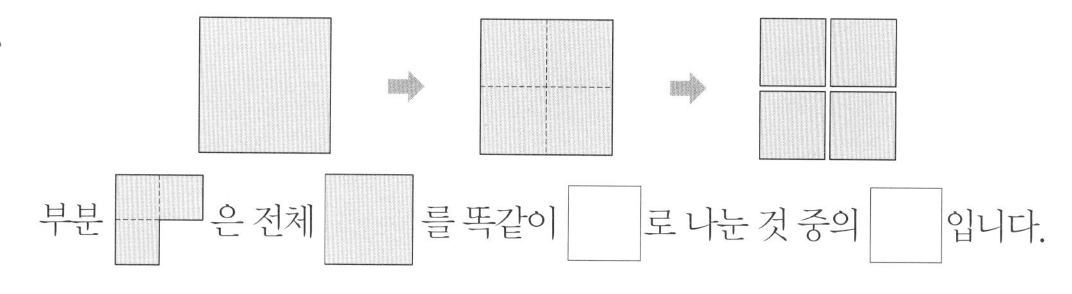

부분 은 전체 를 똑같이 □ 로 나눈 것 중의 □ 입니다.

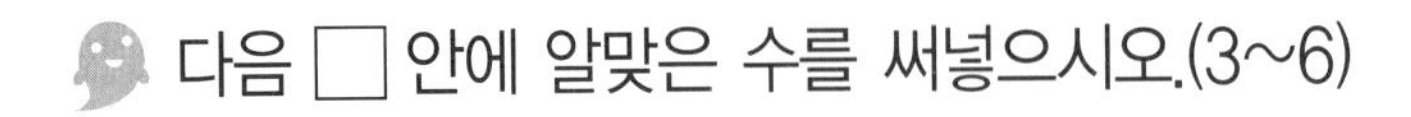

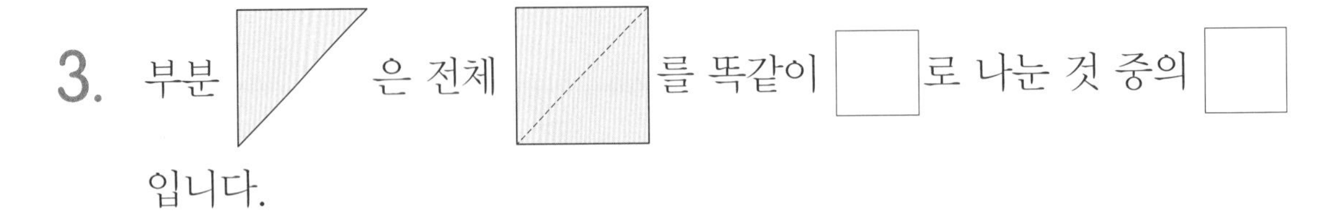

입니다.

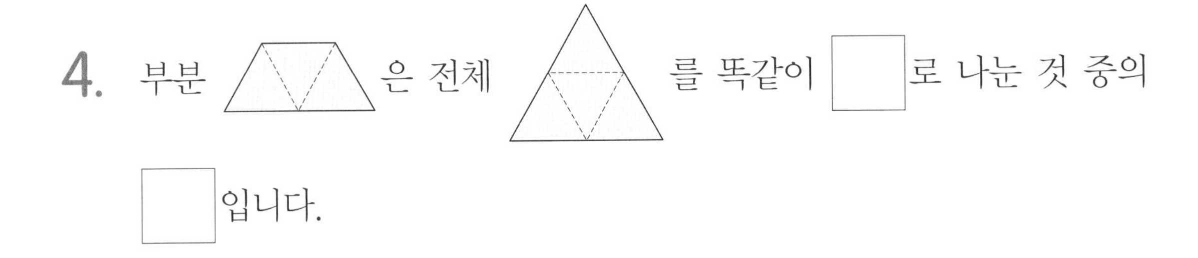

5. 부분 은 전체 를 똑같이 □ 으로 나눈 것 중의 □

입니다.

6. 부분 은 전체 를 똑같이 □ 로 나눈 것 중의 □

입니다.

이름 :

날짜 :

시간 : 시 분 ~ 시 분

확인

다음 □ 안에 알맞은 수를 써넣으시오.(1~3)

1. (1) 전체를 똑같이 □로 나눈 것입니다.

(2) 색칠한 부분은 전체를 똑같이 □로 나눈 것 중의 □입니다.

2. (1) 전체를 똑같이 □으로 나눈 것입니다.

(2) 색칠한 부분은 전체를 똑같이 □으로 나눈 것 중의 □입니다.

3. (1) 전체를 똑같이 □로 나눈 것입니다.

(2) 색칠한 부분은 전체를 똑같이 □로 나눈 것 중의 □입니다.

전체를 똑같이 4로 나눈 것 중의 2만큼 색칠하시오.(4~5)

4.

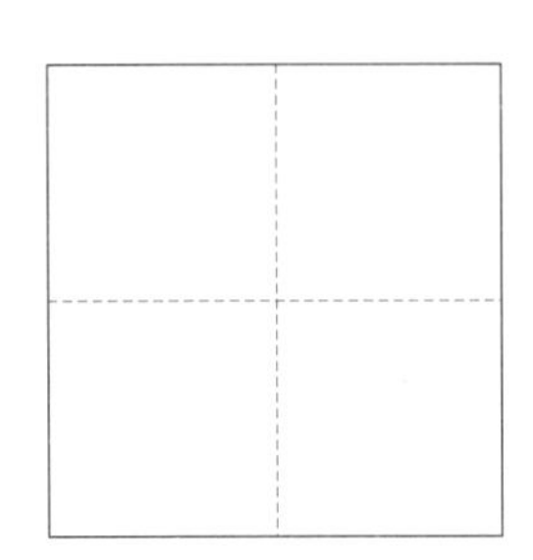

5.

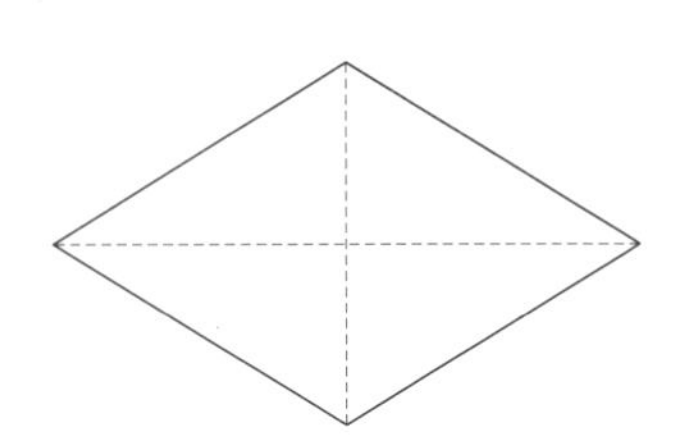

전체를 똑같이 6으로 나눈 것 중의 2만큼 색칠하시오.(6~7)

6.

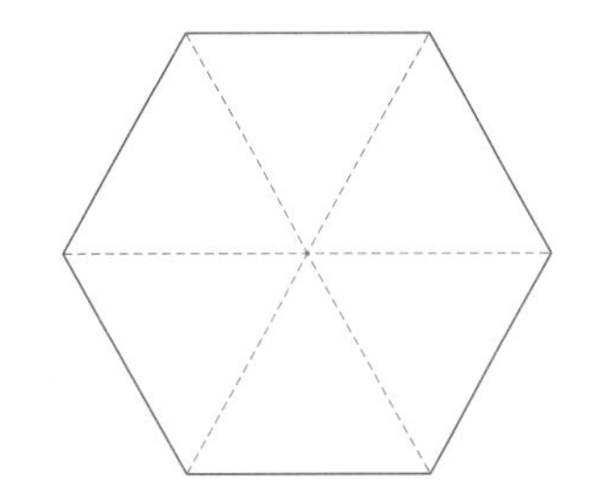

7.

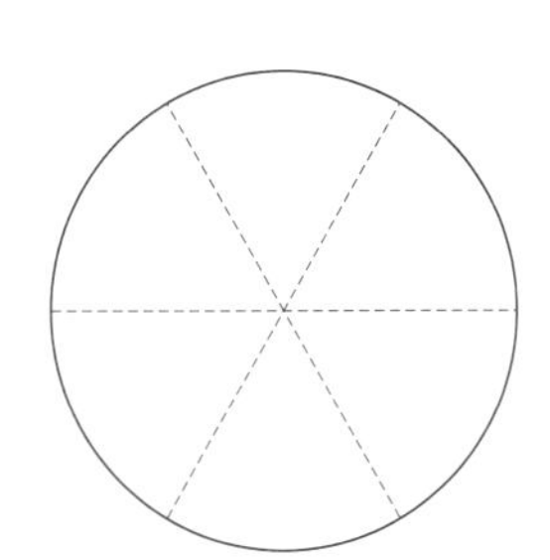

전체를 똑같이 8로 나눈 것 중의 3만큼 색칠하시오.(8~9)

8.

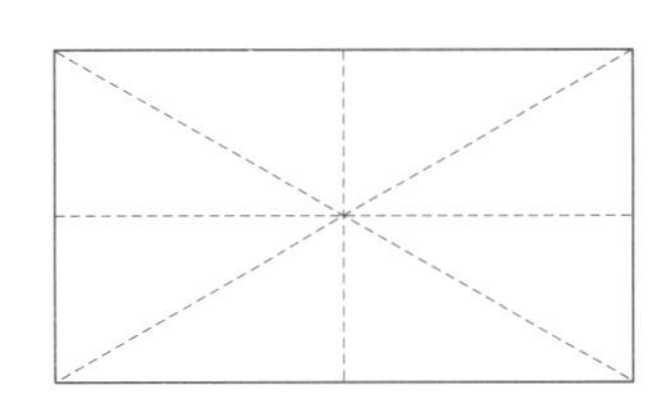

9.

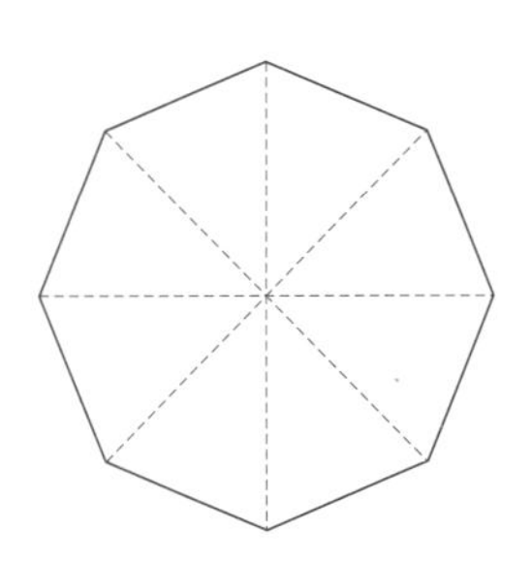

◆ **분수**

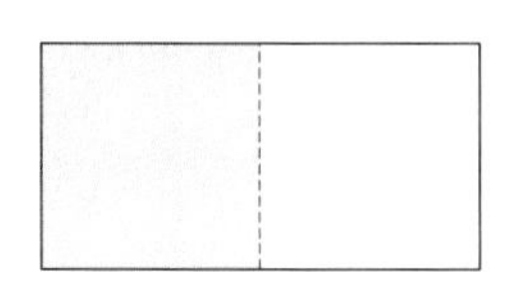

• 색칠한 부분은 전체를 똑같이 2로 나눈 것 중의 1입니다. 이것을 $\frac{1}{2}$이라 쓰고, 2분의 1이라고 읽습니다.

$\frac{1}{2}$ 1 → 색칠한 부분의 수, 2 → 전체를 똑같이 나눈 수

• $\frac{1}{2}$, $\frac{1}{3}$, $\frac{3}{4}$, …… 등과 같은 수를 분수라고 합니다.

다음 □ 안에 알맞은 수를 써넣으시오.(1~2)

1. 부분 (그림)은 전체 (그림)를 똑같이 3으로 나눈 것 중의 □이므로 $\frac{□}{□}$이라 쓰고, □분의 □이라고 읽습니다.

2. 부분 (그림)은 전체 (그림)를 똑같이 □로 나눈 것 중의 2이므로 $\frac{□}{□}$라 쓰고, □분의 □라고 읽습니다.

다음 □ 안에 알맞게 써넣으시오.(3~5)

3. 부분 은 전체 를 똑같이 □ 로 나눈 것 중의 □ 이므로 $\frac{\square}{\square}$ 이라 쓰고, □ 이라고 읽습니다.

4. 부분 은 전체 를 똑같이 □ 로 나눈 것 중의 □ 이므로 $\frac{\square}{\square}$ 이라 쓰고, □ 이라고 읽습니다.

5. 부분 은 전체 를 똑같이 □ 로 나눈 것 중의 □ 이므로 $\frac{\square}{\square}$ 라 쓰고, □ 라고 읽습니다.

이름 :

날짜 :

시간 : 시 분 ~ 시 분

확인

전체에 대하여 색칠한 부분의 크기를 분수로 쓰고, 읽어 보시오.(1~4)

1.

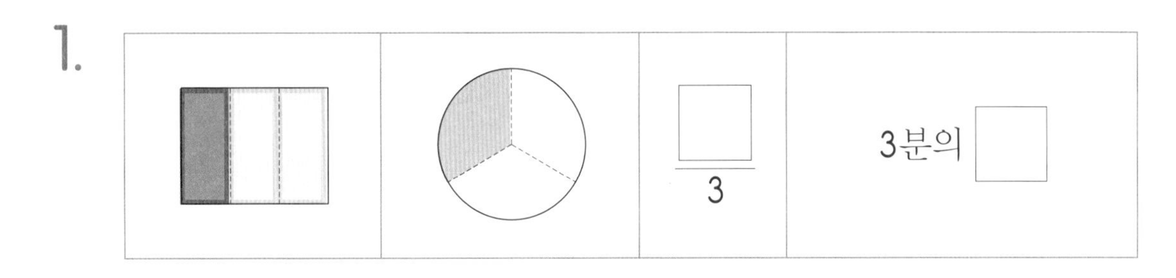

2.

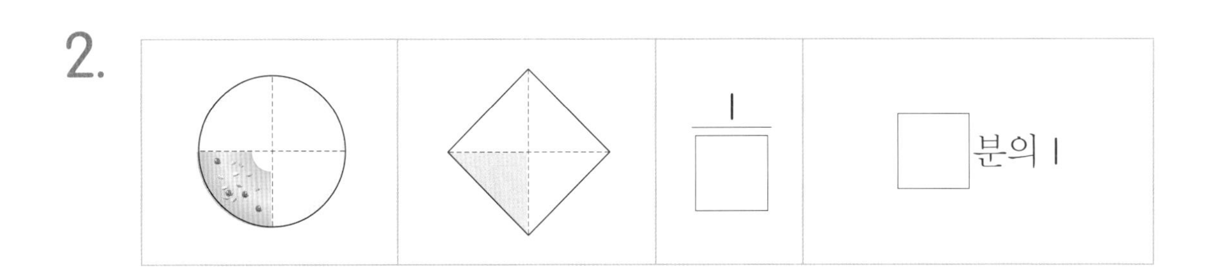

3.

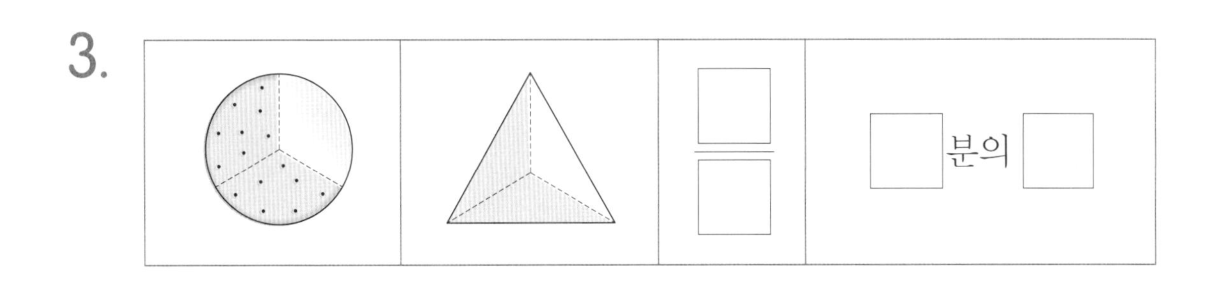

4.

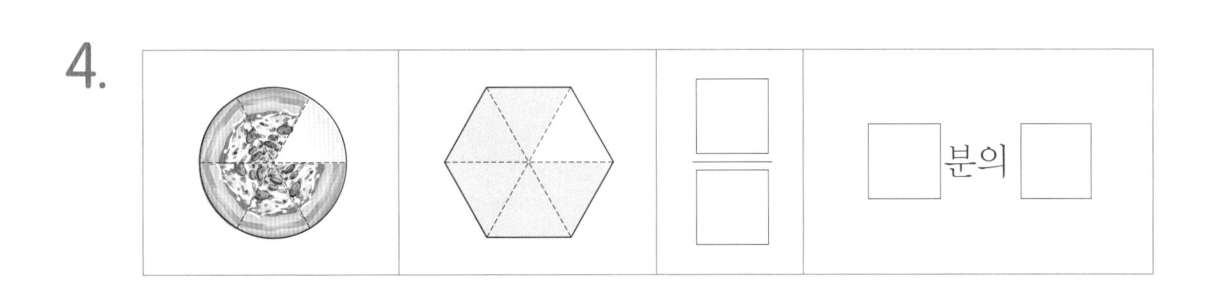

다음 분수를 읽어 보시오.(5~10)

5. $\frac{3}{4}$ (　　　　　　)

6. $\frac{2}{5}$ (　　　　　　)

7. $\frac{5}{7}$ (　　　　　　)

8. $\frac{4}{9}$ (　　　　　　)

9. $\frac{8}{10}$ (　　　　　　)

10. $\frac{6}{15}$ (　　　　　　)

다음을 분수로 써 보시오.(11~16)

11. 3분의 1 □

12. 5분의 3 □

13. 6분의 2 □

14. 8분의 7 □

15. 11분의 5 □

16. 20분의 9 □

❀ 이름 :

❀ 날짜 :

❀ 시간 : 시 분 ~ 시 분

◆ **분수만큼 색칠하기($\frac{5}{6}$만큼 색칠하기)**

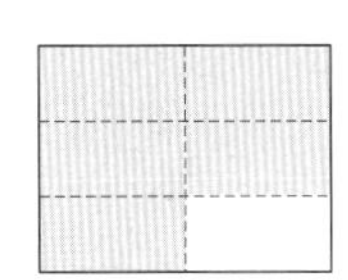

• 전체가 똑같이 6으로 나누어졌는지 살펴봅니다.

• 6칸 중에서 5칸을 색칠합니다. 이때 색칠하는 위치에 관계없이 5칸을 색칠하면 됩니다.

1. $\frac{3}{4}$만큼 색칠하려고 합니다. 물음에 답하시오.

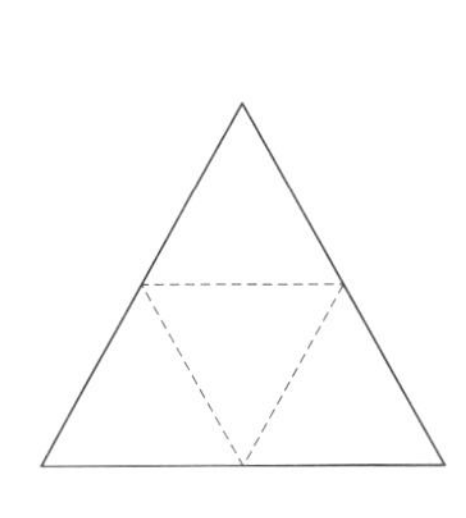

(1) $\frac{3}{4}$만큼 색칠할 때에는 먼저 전체가 똑같이 □로 나누어졌는지 살펴봅니다.

(2) 똑같이 □로 나눈 것 중의 □을 색칠합니다.

(3) $\frac{3}{4}$만큼 색칠하여 보시오.

2. 영선이와 경민이가 $\frac{2}{3}$를 다음과 같이 색칠하였습니다. 누가 바르게 색칠하였는지 알아보시오.

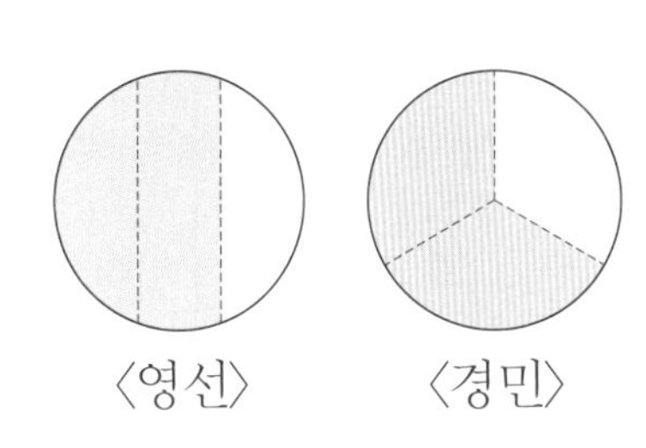

$\frac{2}{3}$는 전체를 똑같이 □으로 나눈 것 중의 □를 색칠해야 하므로 $\frac{2}{3}$를 바르게 색칠한 사람은 □이입니다.

주어진 분수만큼 색칠하시오.(3~8)

3.

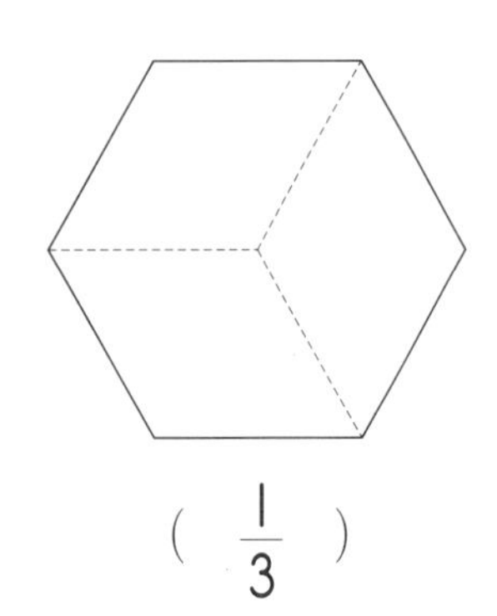

($\frac{1}{3}$)

4.

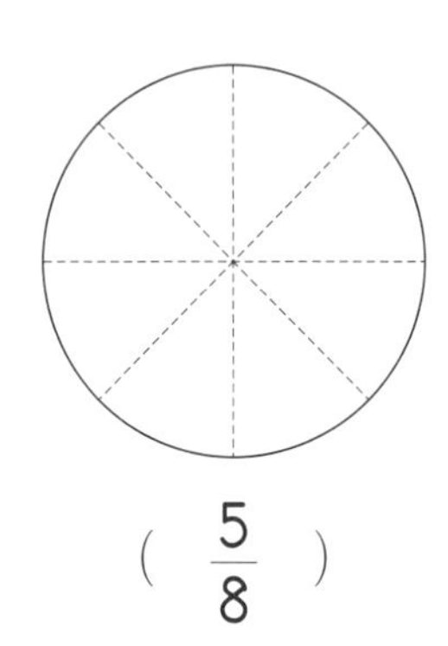

($\frac{5}{8}$)

5.

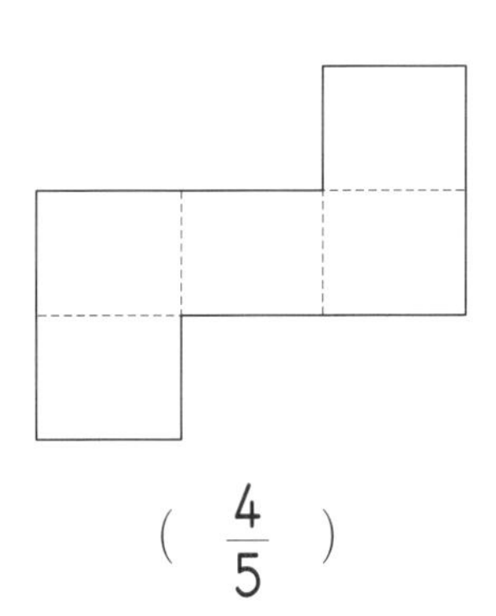

($\frac{4}{5}$)

6.

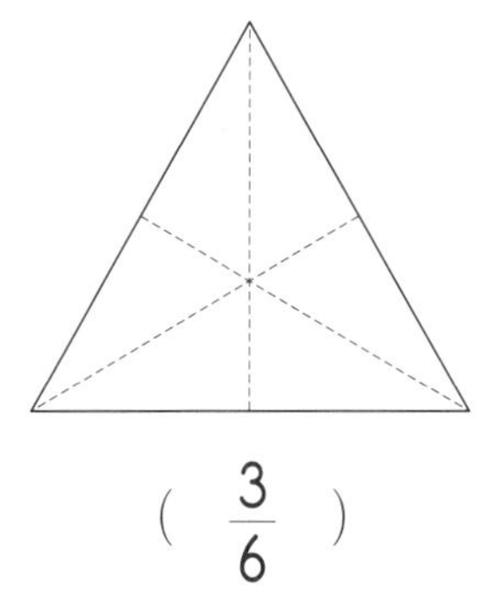

($\frac{3}{6}$)

7.

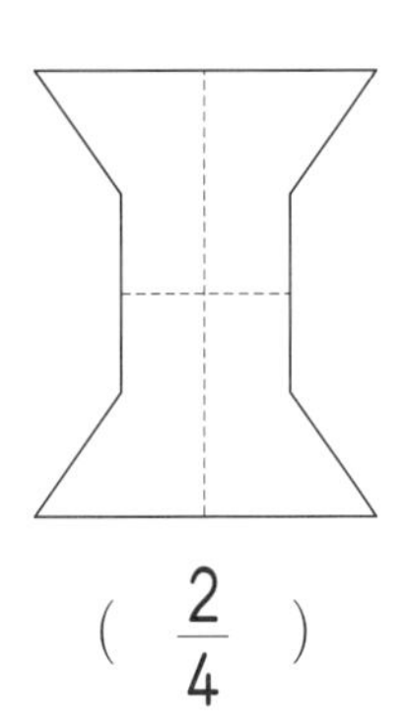

($\frac{2}{4}$)

8.

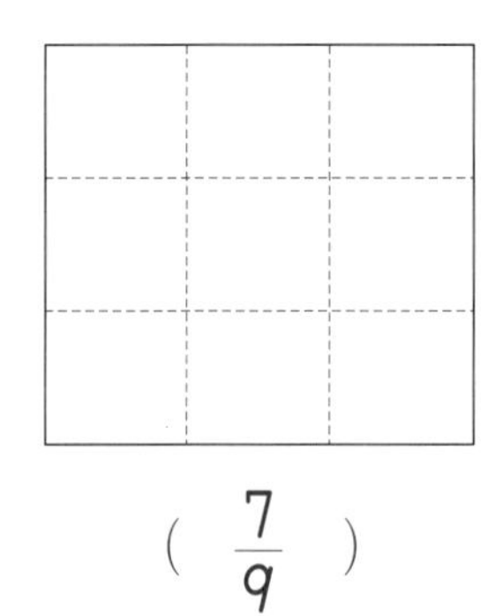

($\frac{7}{9}$)

이름 :

날짜 :

시간 : 시 분 ~ 시 분

주어진 분수만큼 색칠하시오.(1~6)

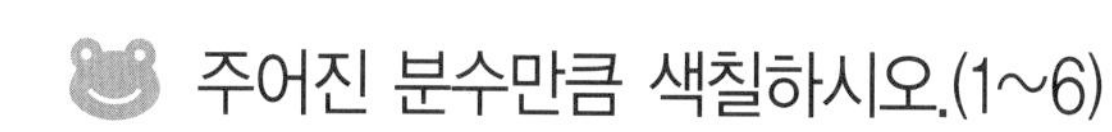

1.

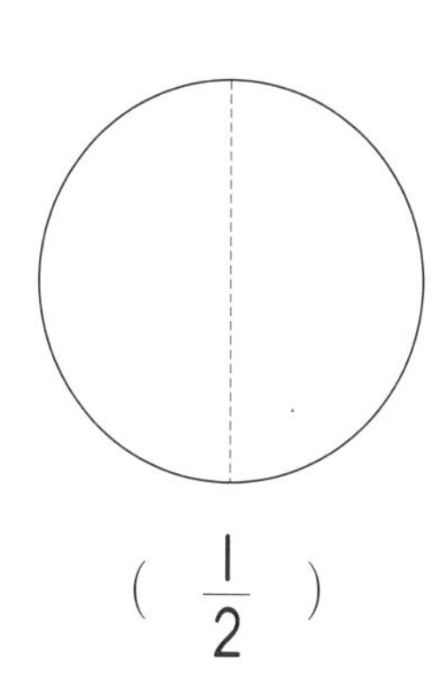

($\frac{1}{2}$)

2.

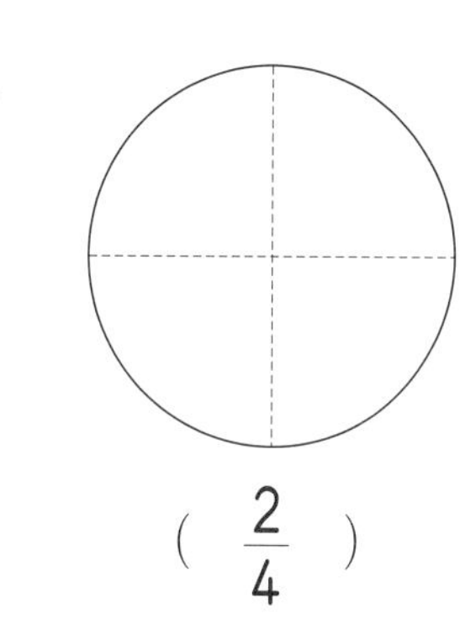

($\frac{2}{4}$)

3.

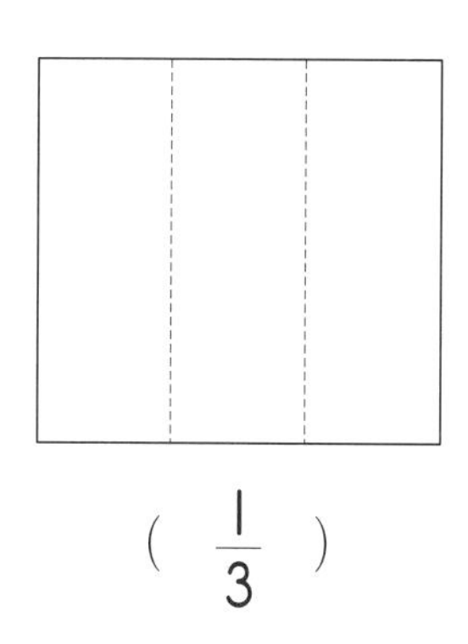

($\frac{1}{3}$)

4.

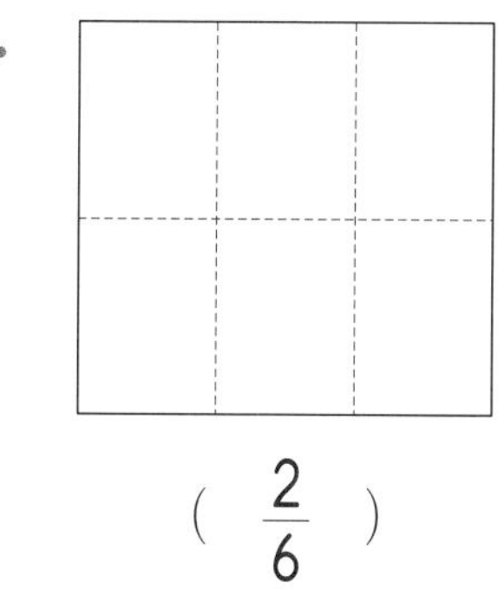

($\frac{2}{6}$)

5.

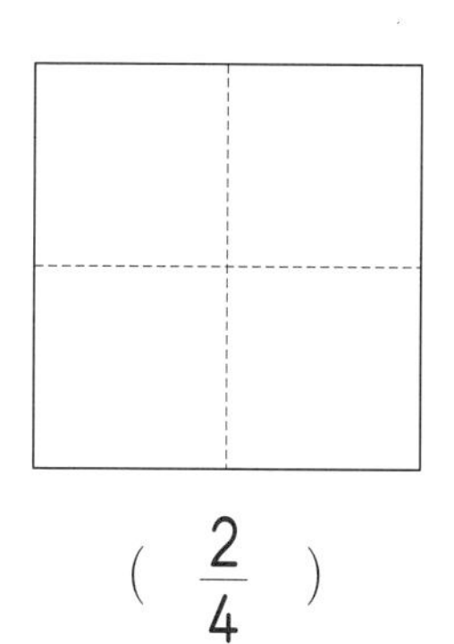

($\frac{2}{4}$)

6.

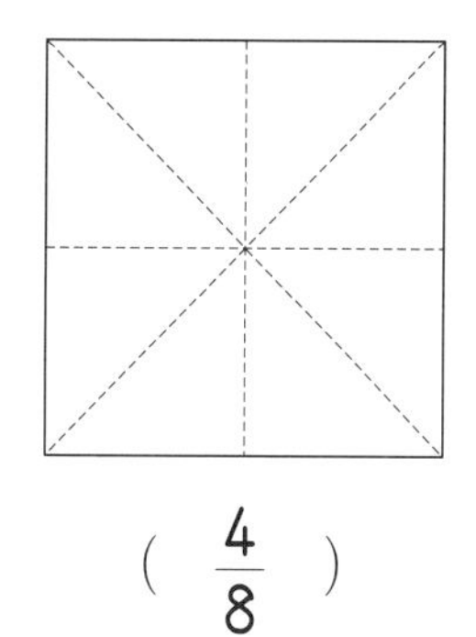

($\frac{4}{8}$)

주어진 분수에 맞게 도형을 나누고, 알맞게 색칠하시오.(7~12)

7.

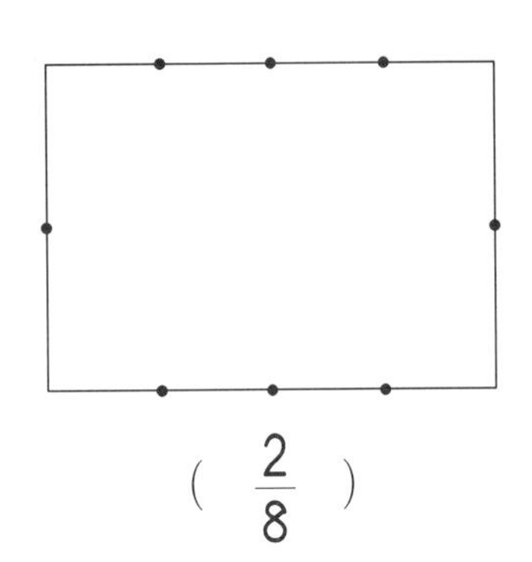

($\frac{2}{8}$)

8.

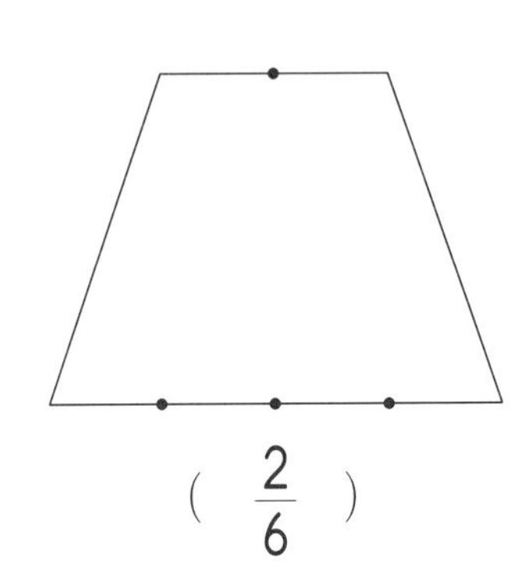

($\frac{2}{6}$)

9.

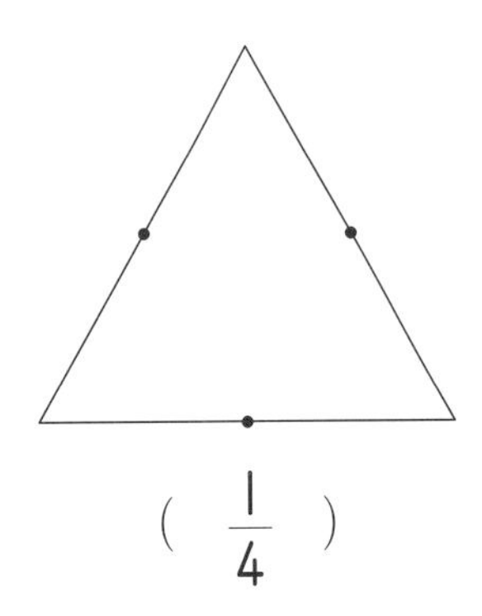

($\frac{1}{4}$)

10.

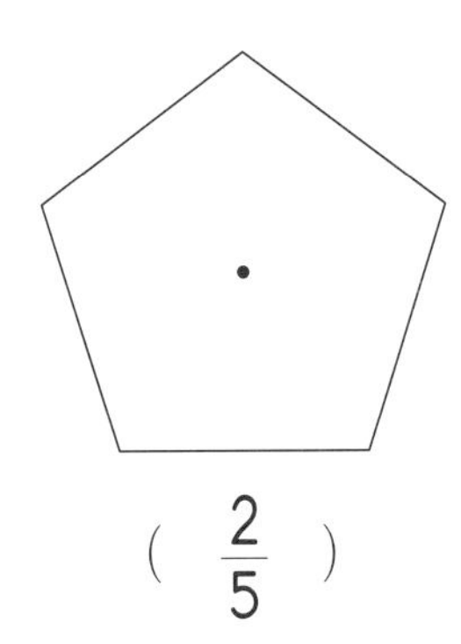

($\frac{2}{5}$)

11.

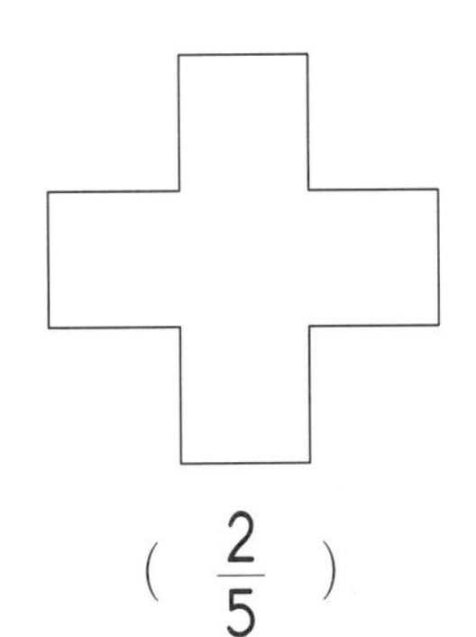

($\frac{2}{5}$)

12.

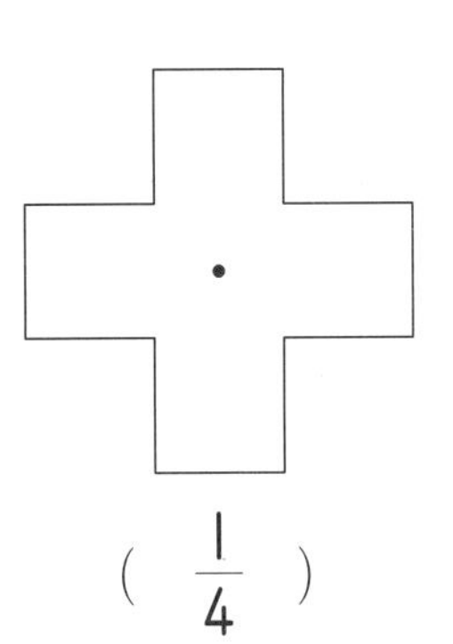

($\frac{1}{4}$)

이름 :

날짜 :

시간 : 시 분 ~ 시 분

확인

다음 그림을 보고 □ 안에 알맞은 수를 써넣으시오.(1~3)

1.

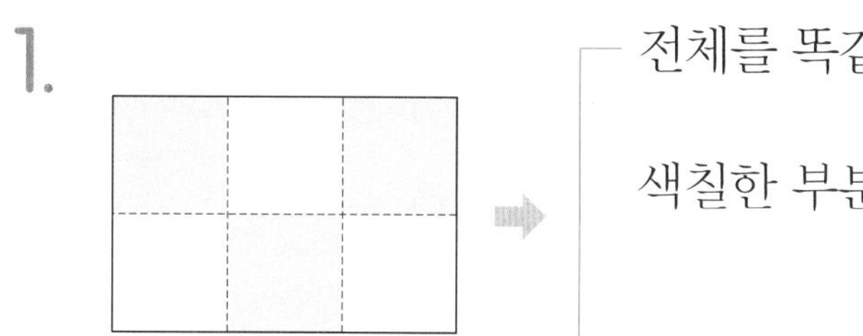

전체를 똑같이 나눈 수 : 6

색칠한 부분의 수 : 3

전체에 대하여 색칠한 부분의 크기 : $\frac{3}{6}$

2.

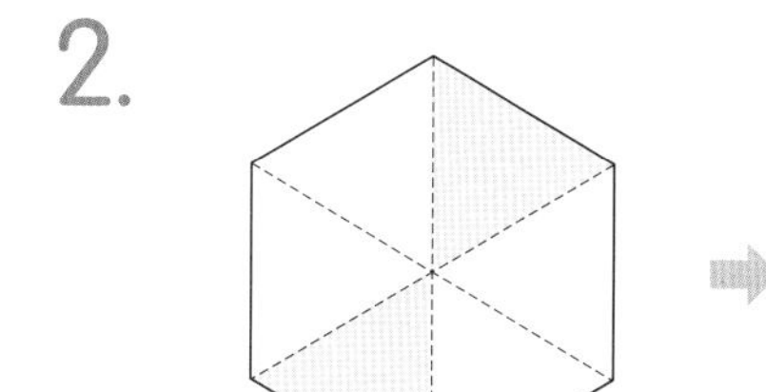

전체를 똑같이 나눈 수 : □

색칠한 부분의 수 : □

전체에 대하여 색칠한 부분의 크기 : $\frac{\square}{\square}$

3.

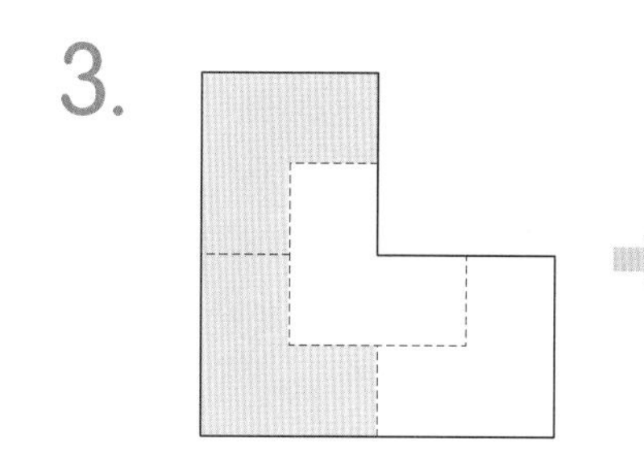

전체를 똑같이 나눈 수 : □

색칠한 부분의 수 : □

전체에 대하여 색칠한 부분의 크기 : $\frac{\square}{\square}$

전체에 대하여 색칠한 부분의 크기를 분수로 써 보시오.(4~9)

4.

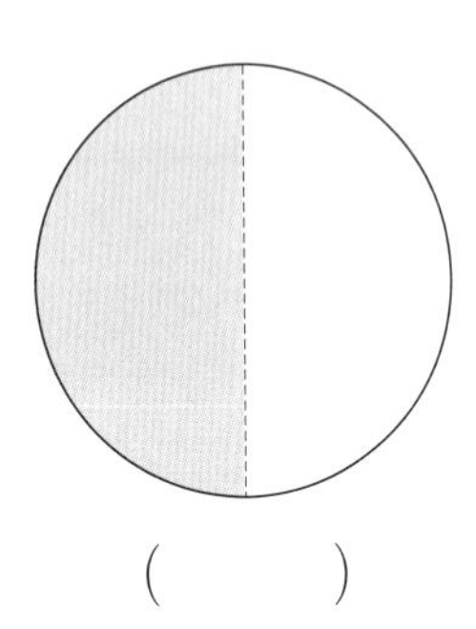

(　　)

5.

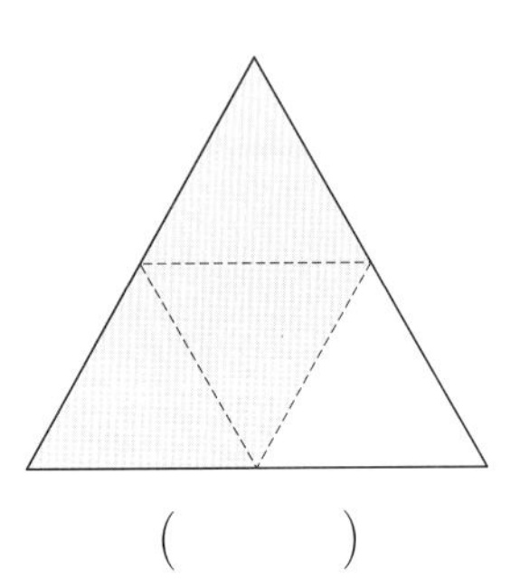

(　　)

6.

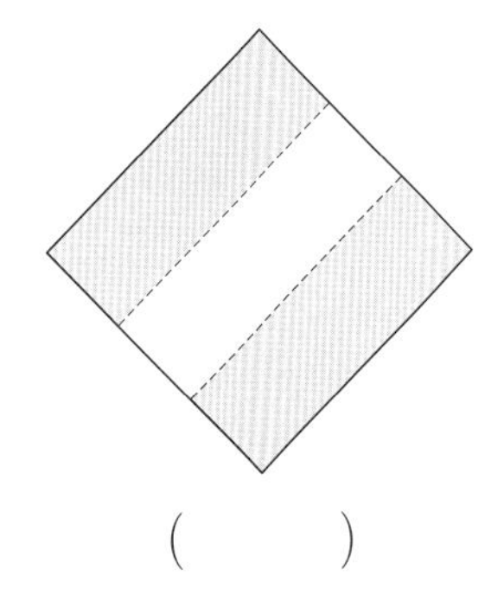

(　　)

7.

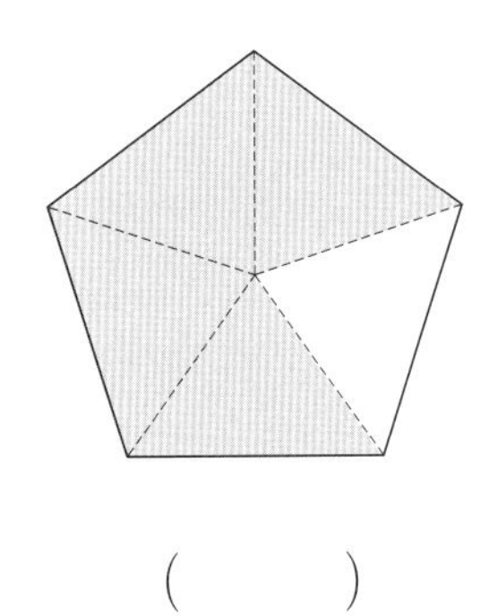

(　　)

8.

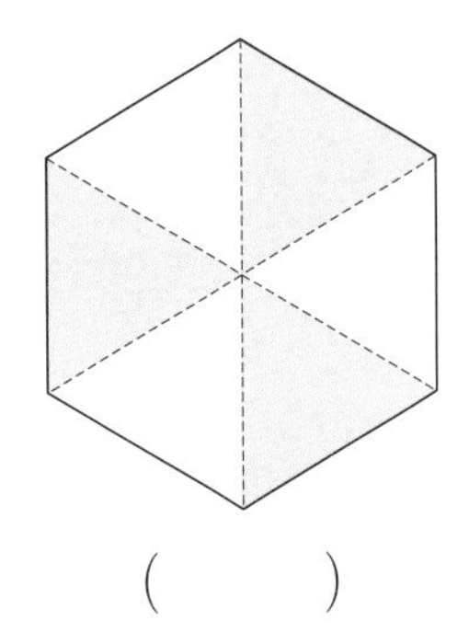

(　　)

9.

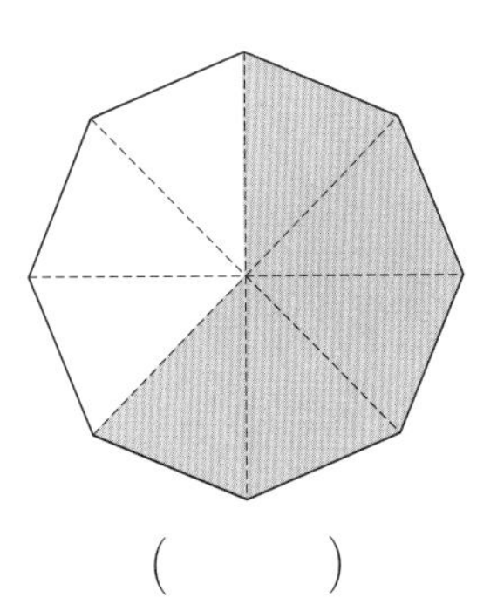

(　　)

이름 :

날짜 :

시간 : 시 분 ~ 시 분

다음을 분수로 써 보시오.(1~6)

1. 전체를 똑같이 3으로 나눈 것 중의 2

2. 전체를 똑같이 4로 나눈 것 중의 3

3. 전체를 똑같이 7로 나눈 것 중의 4

4. 전체를 똑같이 10으로 나눈 것 중의 7

5. 전체를 똑같이 14로 나눈 것 중의 5

6. 전체를 똑같이 20으로 나눈 것 중의 10

색칠한 부분이 나타내는 분수가 다른 것에 ○표 하시오.(7~10)

7.

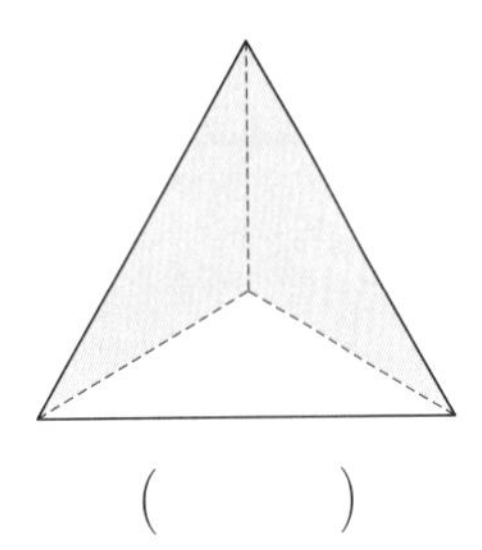 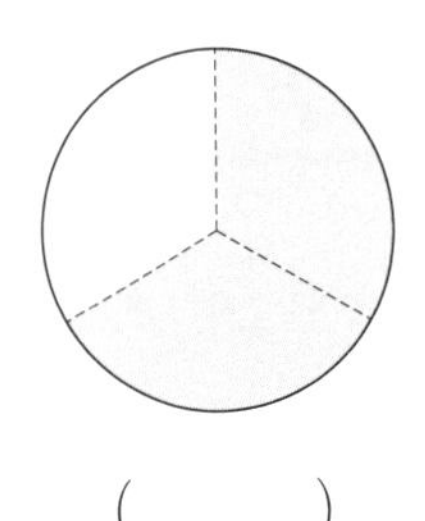 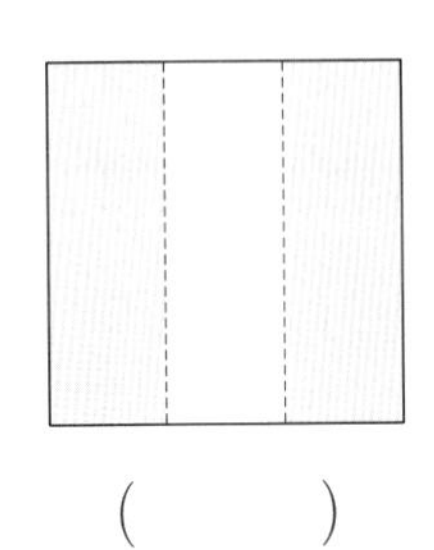 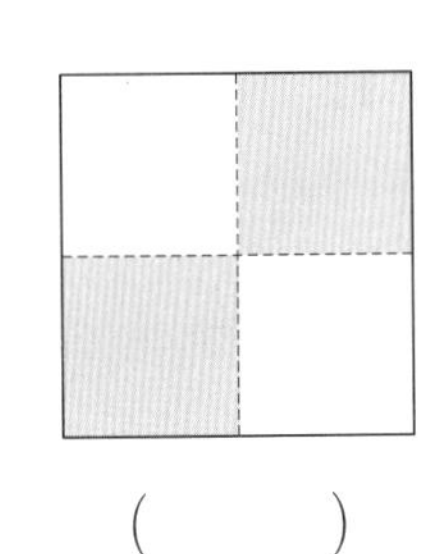

(　　) (　　) (　　) (　　)

8.

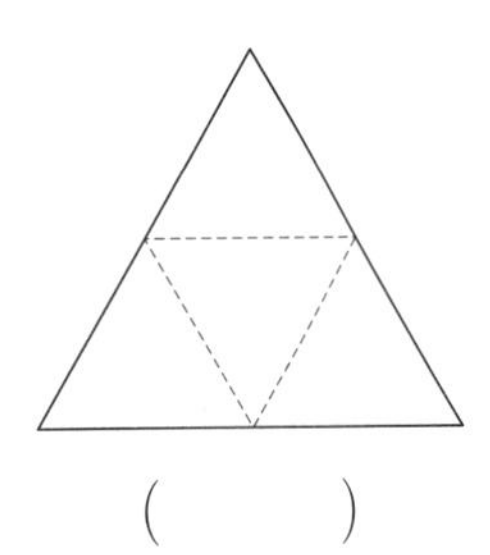 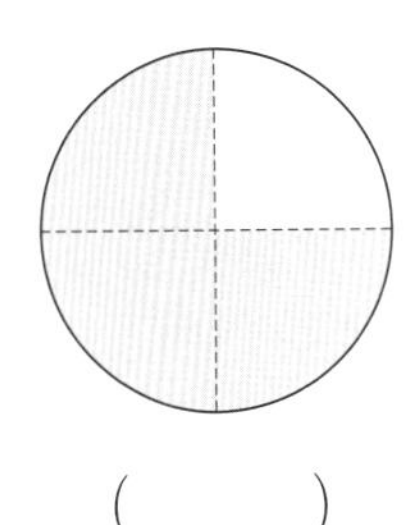 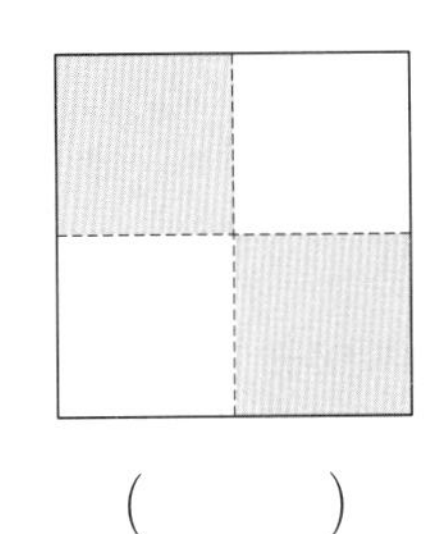 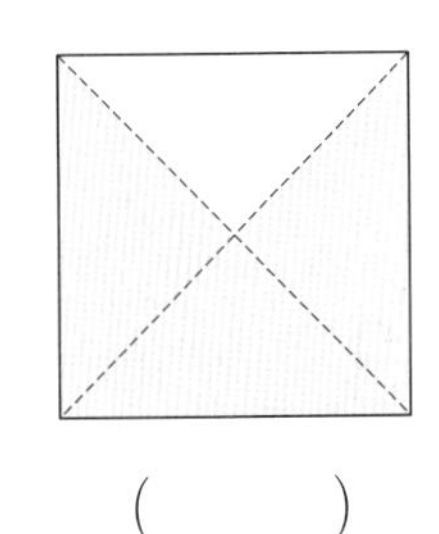

(　　) (　　) (　　) (　　)

9.

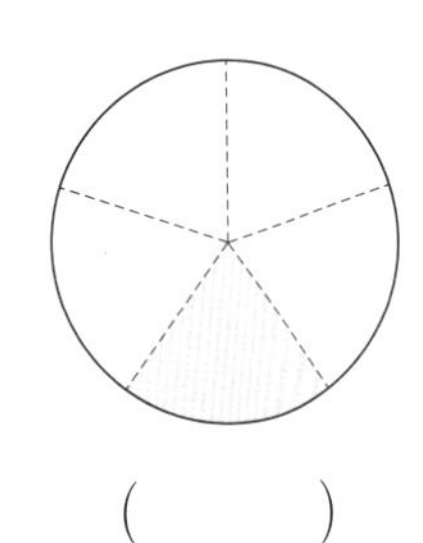 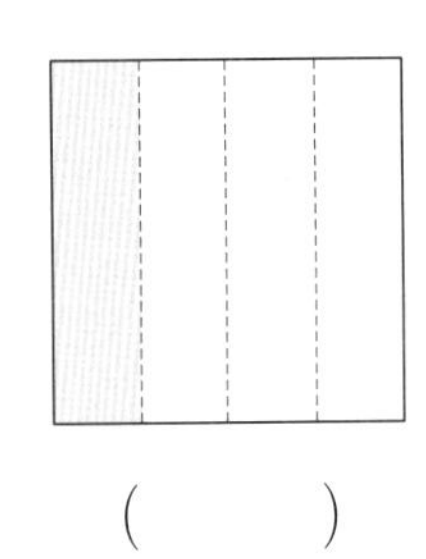 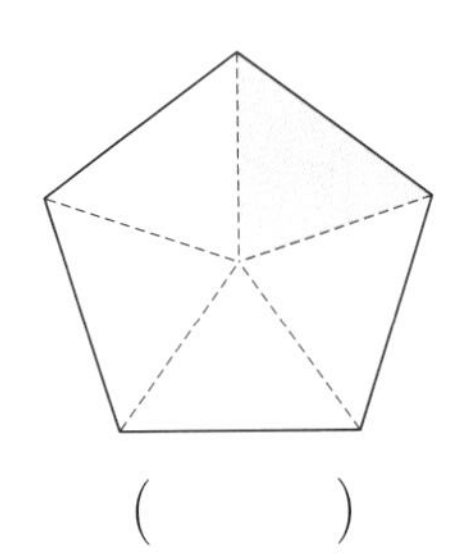 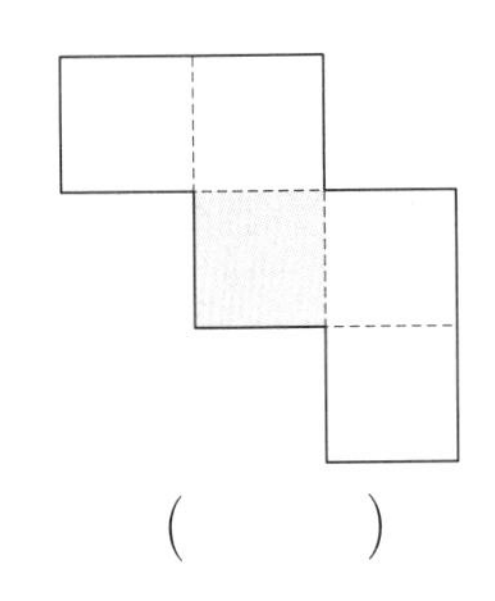

(　　) (　　) (　　) (　　)

10.

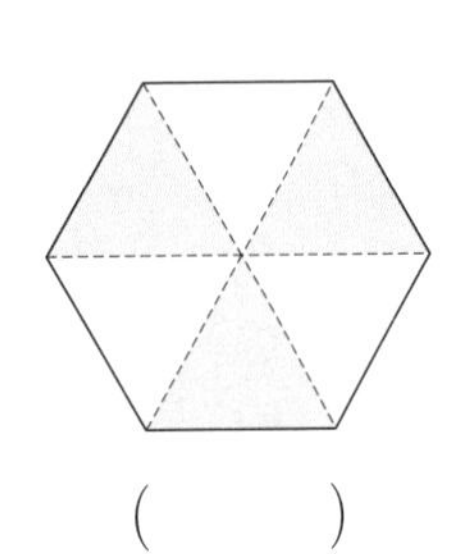 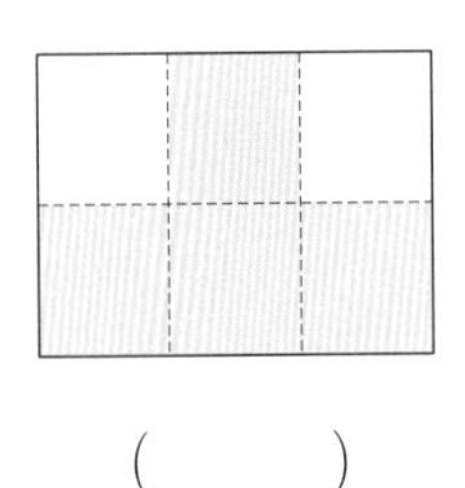 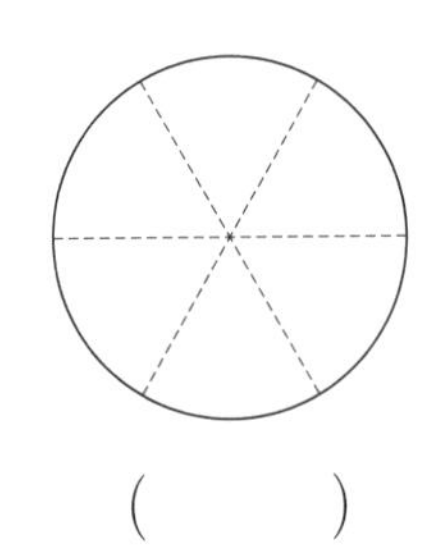 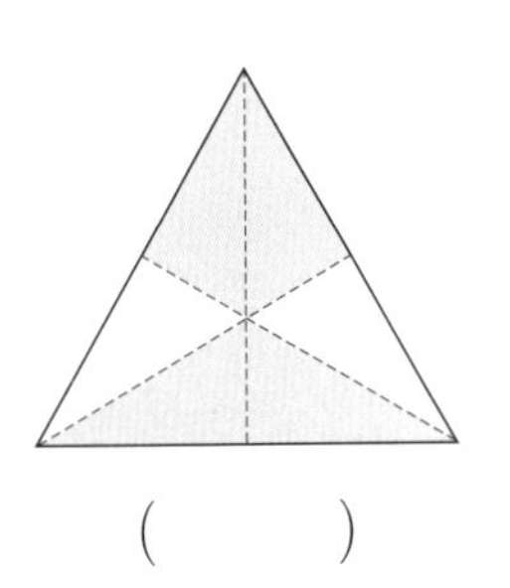

(　　) (　　) (　　) (　　)

❀ 이름 :

❀ 날짜 :

❀ 시간 : 시 분 ~ 시 분

확인

1. 똑같이 나누어진 것을 모두 찾아 ○표 하시오.

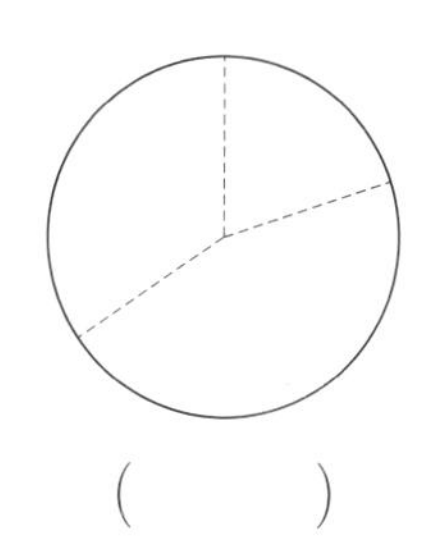
( )

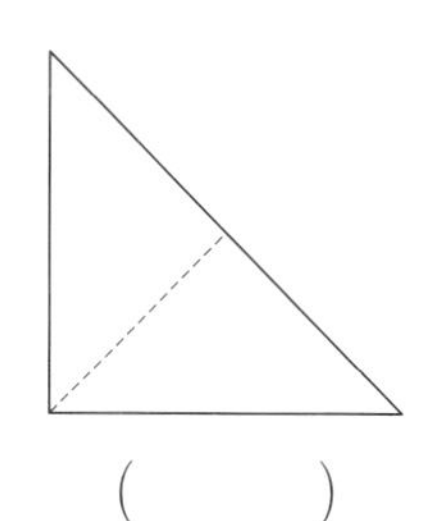
( )

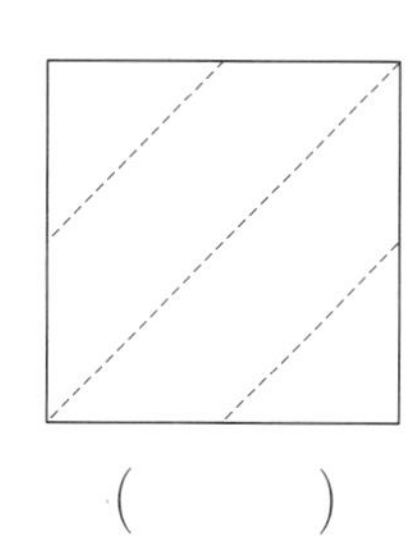
( )

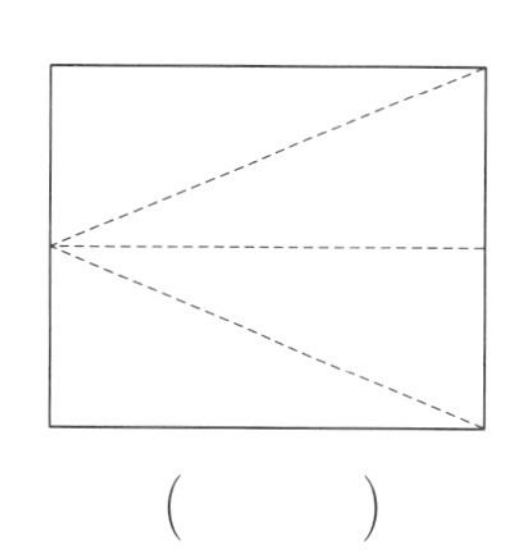
( )

2. 똑같이 셋으로 나누어 보시오.

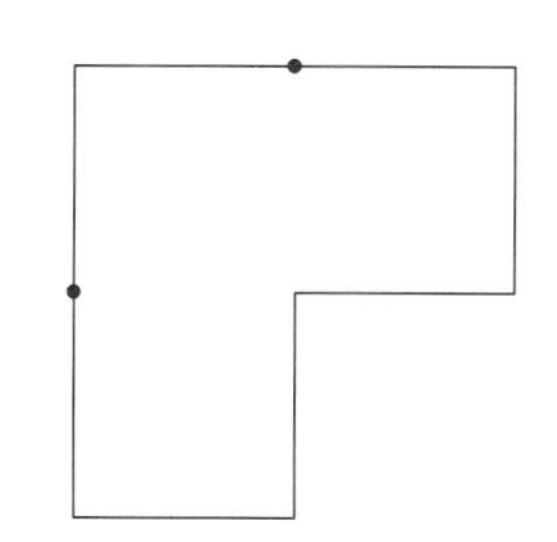

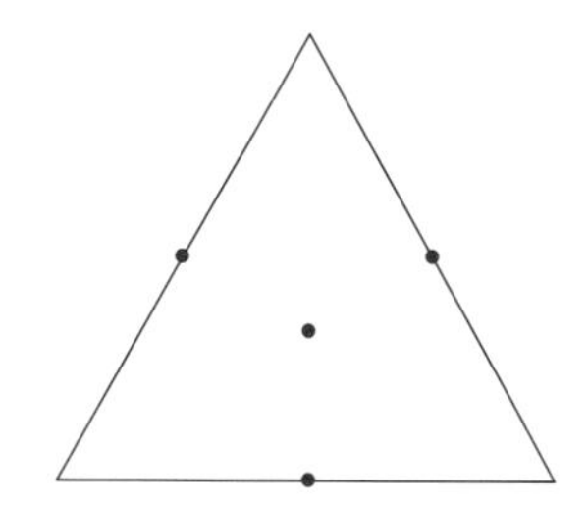

3. 똑같이 넷으로 나누어 보시오.

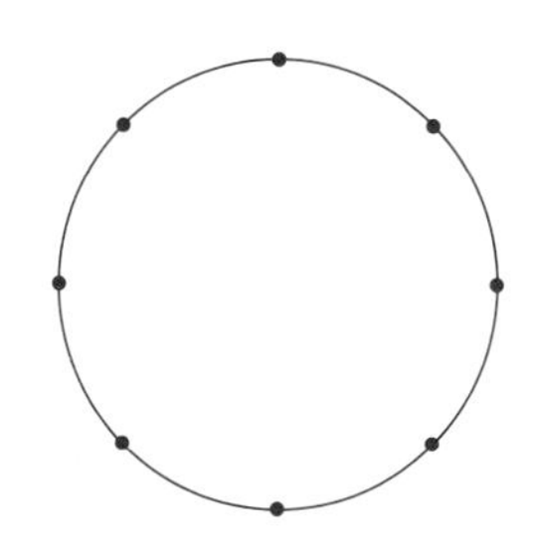

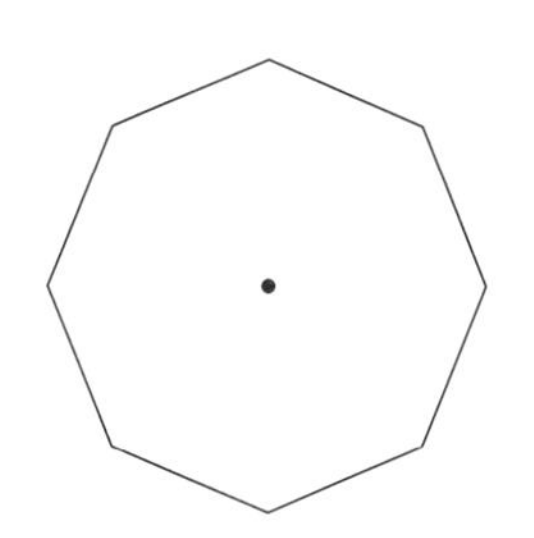

4. 전체를 똑같이 6으로 나눈 것 중의 2입니다. 부분과 전체를 알맞게 선으로 이으시오.

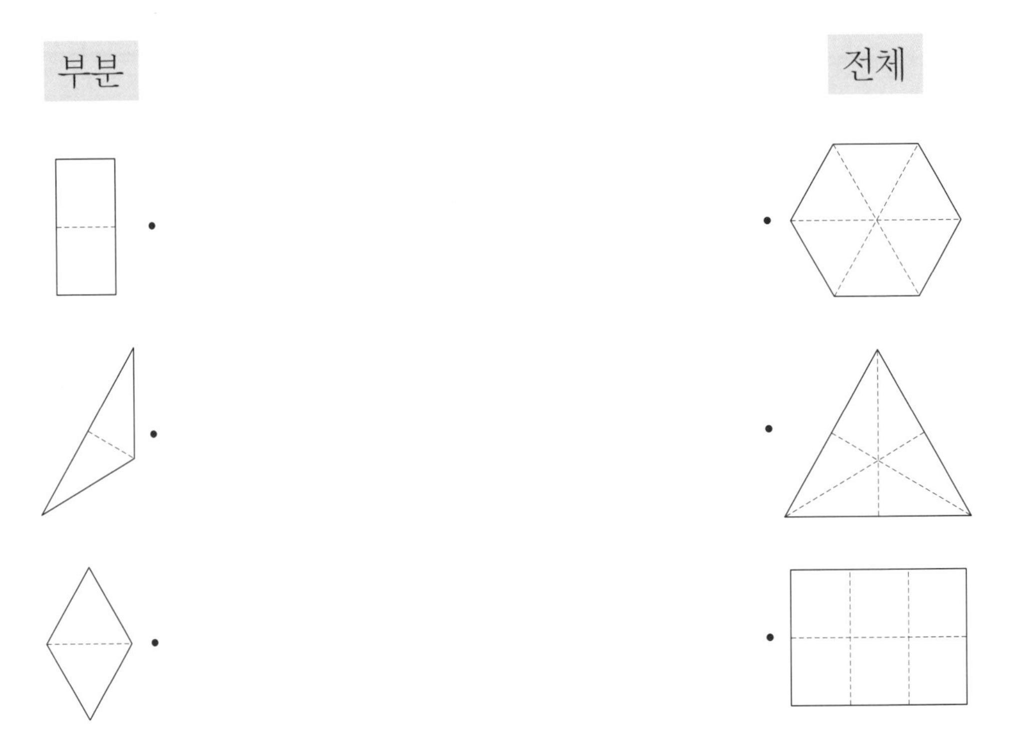

5. □ 안에 알맞게 써넣으시오.

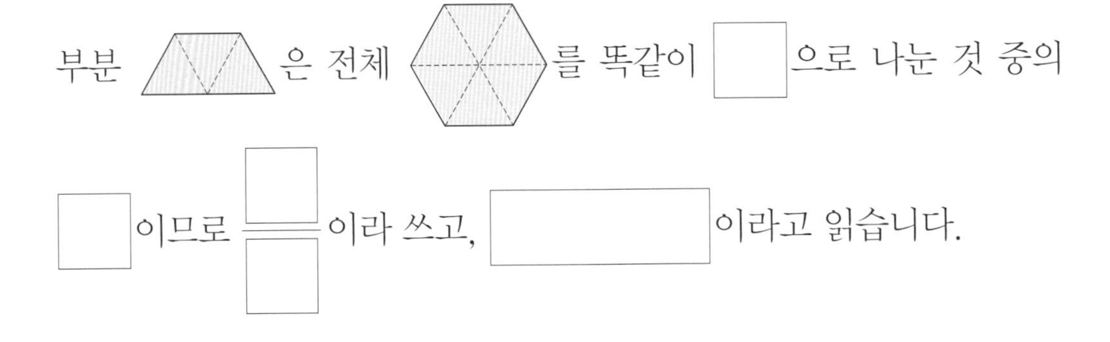

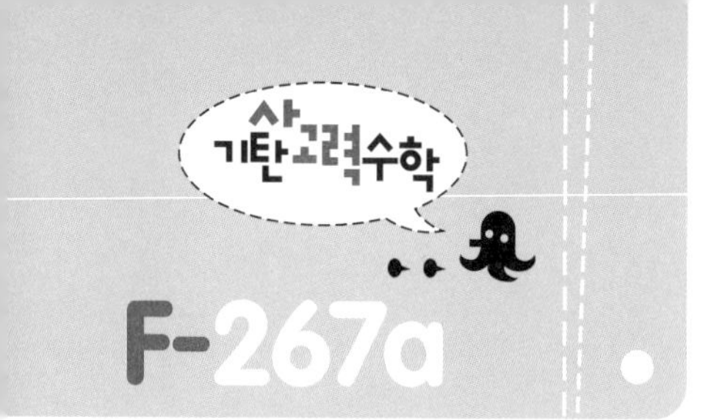

이름 :

날짜 :

시간 : 시 분 ~ 시 분

1. $\frac{3}{5}$만큼 색칠하시오.

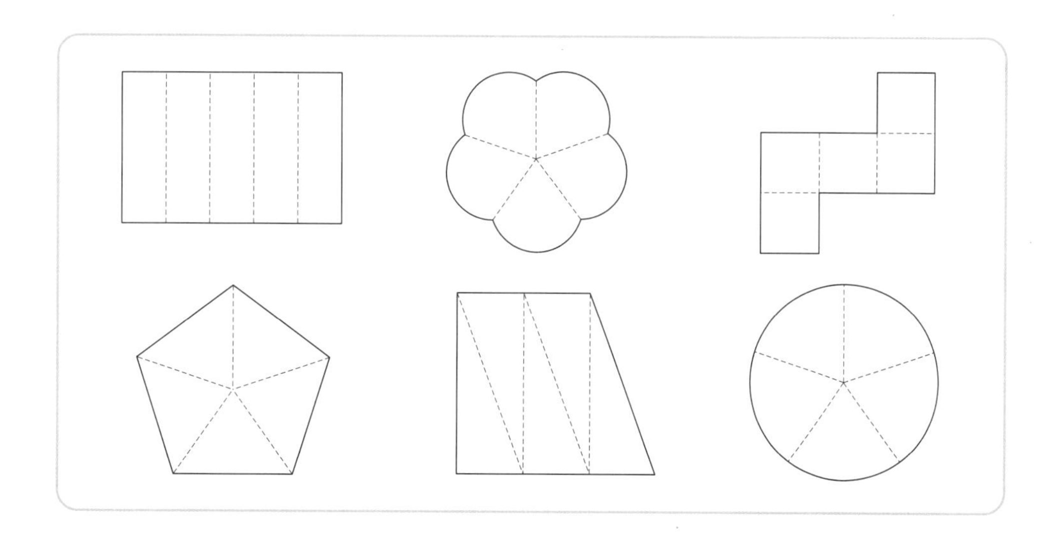

2. 주어진 분수에 맞게 도형을 나누고, 알맞게 색칠하시오.

(1)

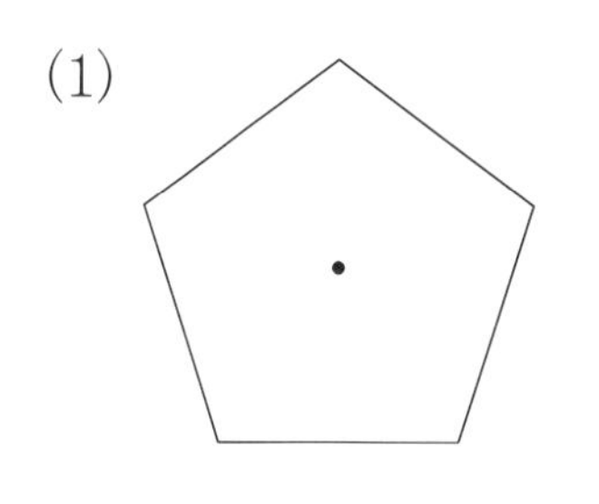

$\frac{4}{5}$

(2)

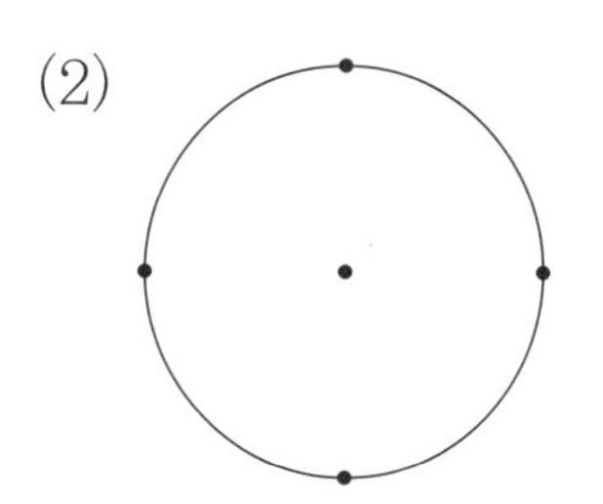

$\frac{1}{4}$

(3)

$\frac{2}{6}$

(4)

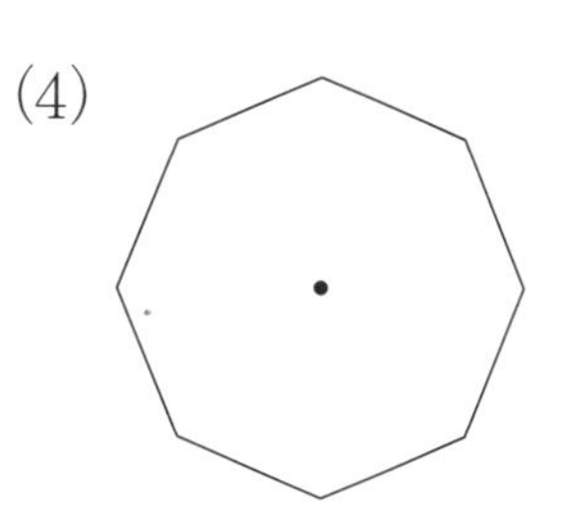

$\frac{7}{8}$

다음 그림을 보고 먹고 남은 부분을 분수로 쓰고, 읽어 보시오.(3~6)

3.

쓰기 (　　　　　)

읽기 (　　　　　　　　　　　)

4.

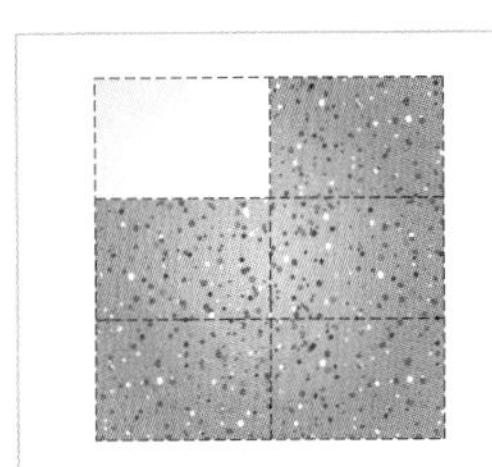

쓰기 (　　　　　)

읽기 (　　　　　　　　　　　)

5.

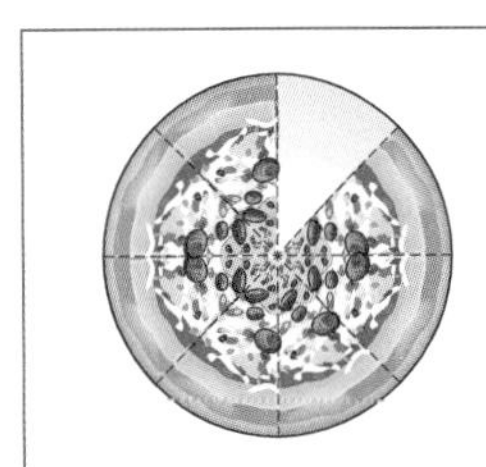

쓰기 (　　　　　)

읽기 (　　　　　　　　　　　)

6.

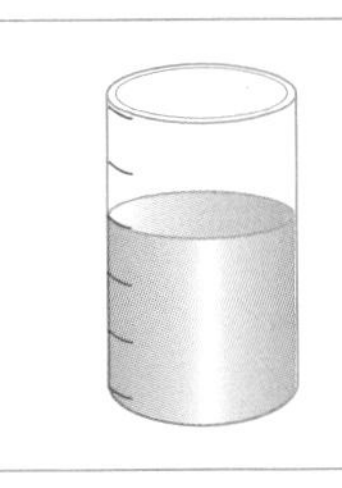

쓰기 (　　　　　)

읽기 (　　　　　　　　　　　)

✿ 이름 :

✿ 날짜 :

✿ 시간 : 시 분 ~ 시 분

확인

창의력 학습

아래 그림은 색종이를 접는 모양을 나타낸 것입니다. 색종이를 펼치면 색종이의 접은 부분이 어떻게 나타나는지 그려 보고, □ 안에 알맞은 수를 써넣으시오.

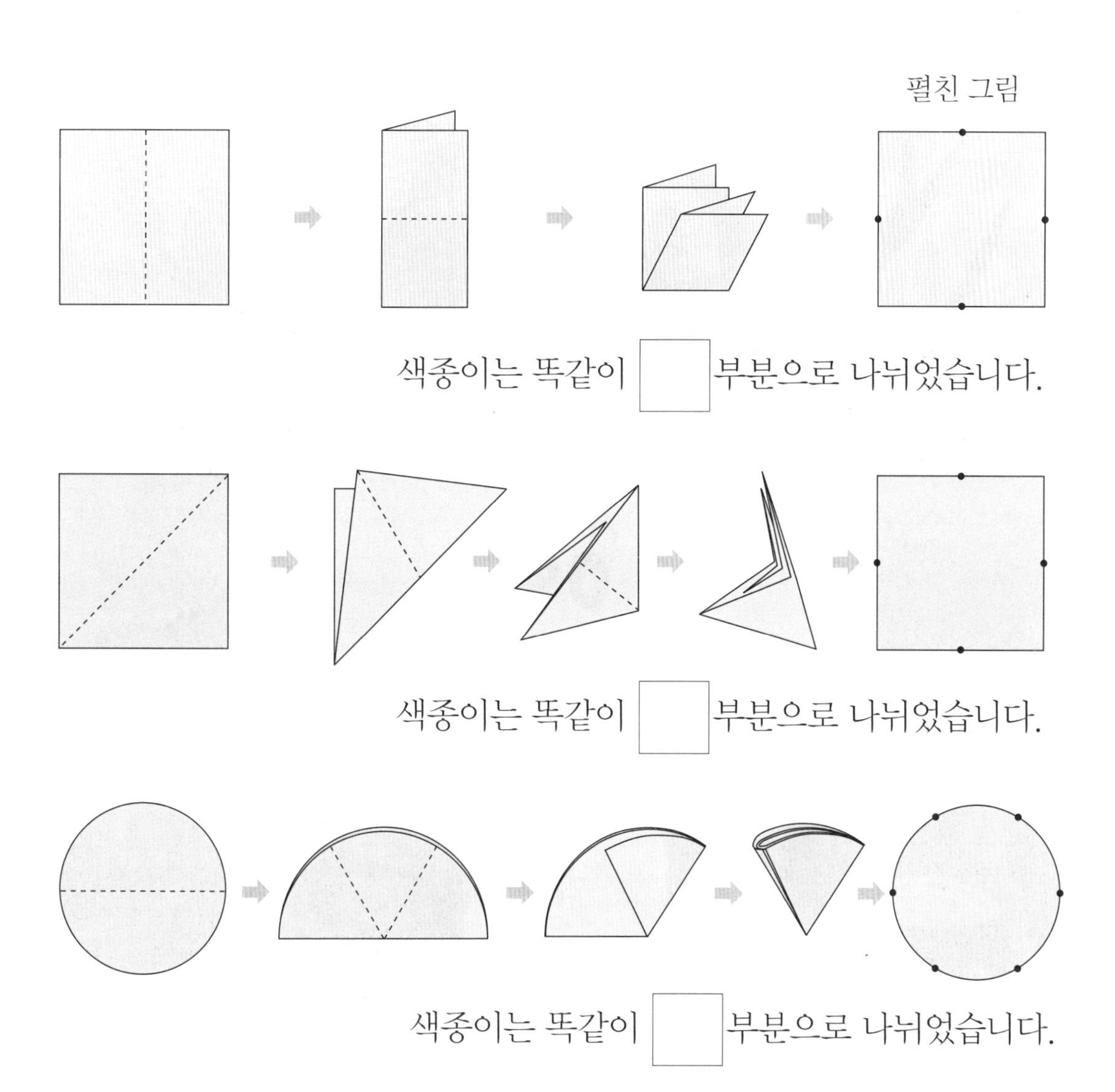

집이 서쪽을 향해 있으면 서향집, 남쪽을 향해 있으면 남향집이라고 합니다. 집이 가리키는 방향을 이용해서 부르는 이름인 것입니다. 아래의 집은 서향집인데 동향집으로 만들고자 합니다. 성냥개비를 2개만 옮겨서 동향집으로 만들어 보시오.

이름 :
날짜 :
시간 : 시 분 ~ 시 분

확인

경시 대회 예상 문제

1. 색종이를 똑같이 넷으로 나누려고 합니다. 4가지 방법으로 나누어 보시오.

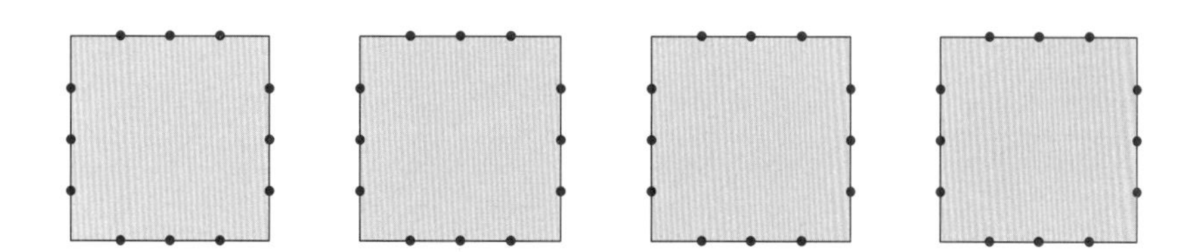

2. 전체에 대하여 색칠한 부분의 크기를 분수로 쓰고, 읽어 보시오.

(1)

쓰기 (　　　　)

읽기 (　　　　　　　　　　)

(2)

쓰기 (　　　　)

읽기 (　　　　　　　　　　)

3. 색칠된 부분은 어떤 모양을 똑같이 4로 나눈 것 중의 1입니다. 나누기 전의 처음 모양을 그려 보시오.

4. 주어진 분수만큼 색칠하여 보시오.

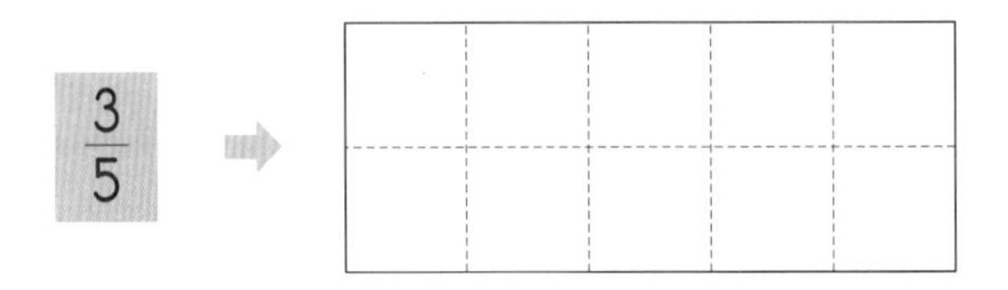

5. 왼쪽 그림이 나타내는 분수의 크기만큼 오른쪽 그림에 색칠하여 보시오.

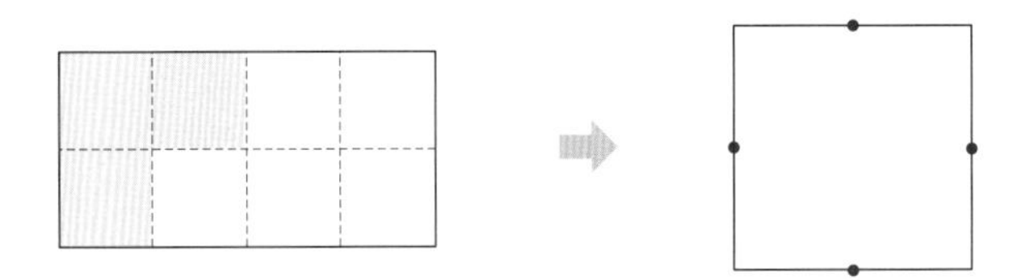

6. 색칠한 부분을 분수로 나타내어 보시오.

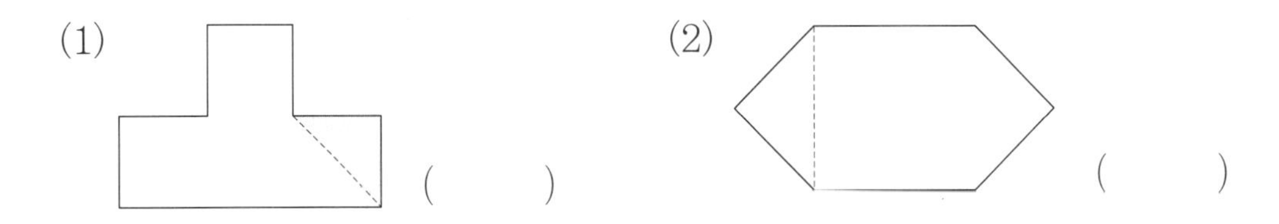

7. 규칙에 따라 분수를 늘어놓은 것입니다. 규칙에 맞게 □ 안에 알맞은 분수를 써넣으시오.

$\frac{2}{3}$, $\frac{3}{5}$, $\frac{4}{7}$, $\frac{5}{9}$, □, $\frac{7}{13}$, □

8. 성아네 학교 꽃밭에 국화와 장미를 심었습니다. 물음에 답하시오.

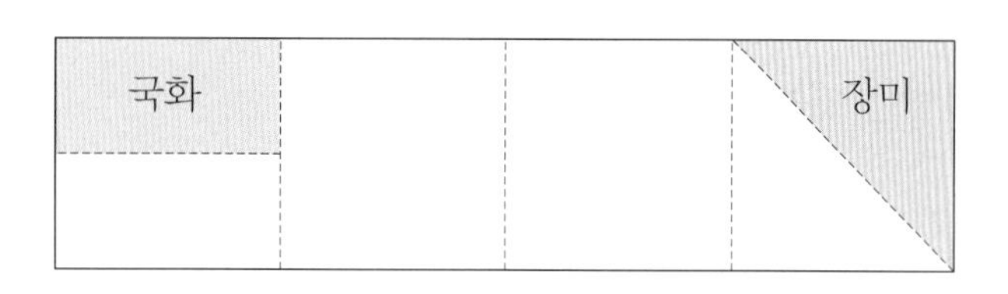

(1) 전체 꽃밭에 대하여 국화를 심은 부분의 크기를 분수로 나타내시오.

[답]

(2) 전체 꽃밭에 대하여 장미를 심은 부분의 크기를 분수로 나타내시오.

[답]

(3) 전체 꽃밭에 대하여 국화와 장미를 심고 남은 부분의 크기를 분수로 나타내시오.

[답]

9. 진솔이는 딸기 주스 1컵 중에서 반을 마셨고, 천희는 오렌지 주스 $\frac{1}{2}$컵 중에서 반을 마셨습니다. 진솔이와 천희가 마시고 남은 주스의 양을 그림으로 나타내고 분수로 써 보시오.

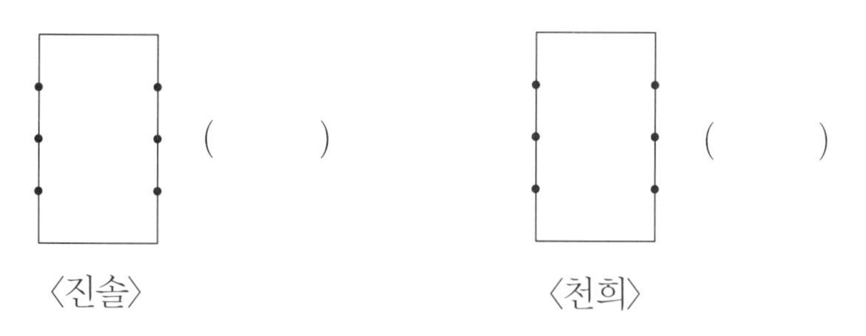

10. 빵 한 개를 똑같이 6조각으로 나누었습니다. 그중에서 성민이는 2조각을 먹고, 경호는 3조각을 먹었습니다. 두 사람이 먹은 빵은 전체의 몇 분의 몇입니까?

[답]

11. 피자 한 판을 똑같이 8조각으로 나누었습니다. 그중에서 2조각은 언니가 먹고, 3조각은 동생이 먹었습니다. 남은 피자는 전체의 몇 분의 몇입니까?

[답]

12. 형선이는 초대장을 만들고 있습니다. 도화지 한 장을 똑같이 잘라서 $\frac{7}{10}$만큼 썼습니다. 남은 도화지는 전체의 몇 분의 몇입니까?

[답]

13. 경미는 길이가 5 m인 색 테이프를 $\frac{2}{5}$만큼 잘라서 상자를 묶는 데 사용하였습니다. 상자를 묶는 데 사용한 색 테이프의 길이는 몇 m입니까?

[답]

사고력도 탄탄! 창의력도 탄탄!

기탄사고력수학

F271a ~ F285b

학습 관리표

학습 내용		이번 주는?
표와 그래프	· 표로 나타내기 · 그래프로 나타내기 · 조사하여 표와 그래프로 나타내기 · 창의력 학습 · 경시 대회 예상 문제	• 학습 방법 : ① 매일매일 ② 가끔 ③ 한꺼번에 하였습니다. • 학습 태도 : ① 스스로 잘 ② 시켜서 억지로 하였습니다. • 학습 흥미 : ① 재미있게 ② 싫증내며 하였습니다. • 교재 내용 : ① 적합하다고 ② 어렵다고 ③ 쉽다고 하였습니다.

지도 교사가 부모님께	부모님이 지도 교사께

평가	Ⓐ 아주 잘함	Ⓑ 잘함	Ⓒ 보통	Ⓓ 부족함

원(교) 반 이름 전화

기초부터 탄탄하게
G 기탄교육
www.gitan.co.kr / (02)586-1007(대)

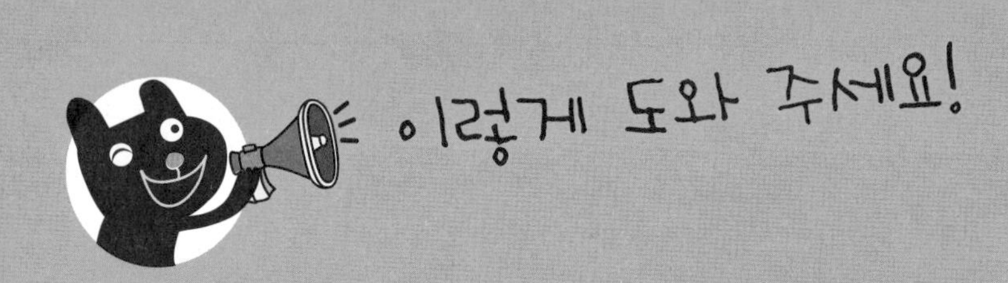

● 학습 목표

- 생활 속에서 필요한 통계 자료를 조사하고 수집할 수 있다.
- 수집된 통계 자료를 알맞게 분류하여 표로 나타내고 알게 된 점을 말할 수 있다.
- 조사된 자료를 간단한 그림을 이용하여 그래프로 나타내고 자료의 크기를 비교할 수 있다.

● 지도 내용

- 조사 목적에 맞는 자료를 모아서 모은 자료를 알맞게 분류·정리하여 표로 나타낼 수 있게 한다.
- 표를 보고 ○표를 하여 그래프로 나타낼 수 있게 한다.
- 만든 표와 그래프를 보고 여러 가지 통계적인 사실을 알아보고, 표와 그래프의 편리함을 알게 한다.

● 지도 요점

아이들의 생활 속에서 여러 가지 통계 자료를 실제로 조사하여 정리할 필요가 있음을 느끼게 하고, 조사된 통계 자료를 표나 그래프로 나타낼 수 있게 합니다. 표나 그래프로 나타내는 것이 알아보기 쉽고, 비교하는 데 편리함을 알게 합니다.
생활에서 활용되는 표나 그래프를 수집하여 살펴보게 합니다. 신문이나 잡지 등에 제시된 각종 도표 등을 수집하여 살펴봄으로써, 생활 속에서 활용되는 표나 그래프에 관심을 가지게 합니다.
자료를 조사하는 목적을 정확히 알고, 조사한 자료를 목적에 맞게 분류하는 능력은 중요합니다. 아이가 통계 자료를 얻는 방법과 얻어진 자료를 어디에 활용하면 좋을지에 대해 생활과 연계하여 이해할 수 있도록 지도합니다.

❀ 이름 :
❀ 날짜 :
❀ 시간 : 시 분 ~ 시 분

다음은 소연이네 모둠 학생들이 좋아하는 과일을 조사한 것입니다. 물음에 답하시오.(1~5)

소연	한샘	두리	은비	이슬	한별	다운
사과	귤	배	사과	복숭아	사과	배

1. 소연이네 모둠 학생은 모두 몇 명입니까?

[답]

2. 소연이네 모둠 학생들이 좋아하는 과일을 모두 쓰시오.

[답]

3. 복숭아를 좋아하는 학생은 누구입니까?

[답]

4. 사과를 좋아하는 학생은 누구누구입니까?

[답]

5. 다운이가 좋아하는 과일과 똑같은 과일을 좋아하는 학생은 누구입니까?

[답]

다음은 놀이터에서 놀고 있는 학생들이 좋아하는 꽃을 조사한 것입니다. 물음에 답하시오.(6~10)

연실	장수	소희	범수	기호	은지	영일	정호	다빈	은비
백합	장미	튤립	장미	국화	장미	튤립	국화	장미	튤립

6. 놀이터에서 놀고 있는 학생은 모두 몇 명입니까?

[답]

7. 학생들이 좋아하는 꽃을 모두 쓰시오.

[답]

8. 튤립을 좋아하는 학생은 모두 몇 명입니까?

[답]

9. 정호는 어떤 꽃을 좋아합니까?

[답]

10. 장미를 좋아하는 학생은 모두 몇 명입니까?

[답]

❀ 이름 :

❀ 날짜 :

❀ 시간 : 시 분 ~ 시 분

확인

다음은 지연이네 반 학생들이 좋아하는 과일을 조사한 것입니다. 물음에 답하시오.(1~3)

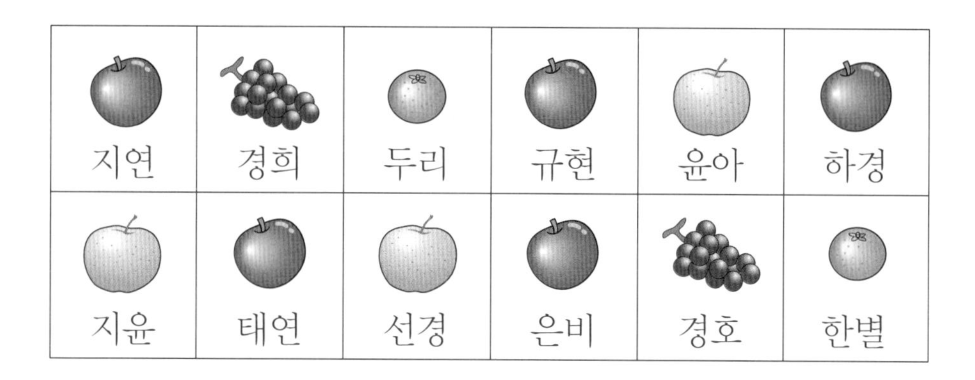

1. 윤아는 어떤 과일을 좋아합니까?

[답]

2. 좋아하는 과일별로 학생 수를 세어 표로 나타내어 보시오.

[좋아하는 과일별 학생 수]

과일	사과	포도	귤	배	계
학생 수(명)					

3. 가장 많은 학생이 좋아하는 과일은 무엇입니까?

[답]

다음은 운동장에 모인 학생들이 좋아하는 운동을 조사한 것입니다. 물음에 답하시오.(4~6)

[운동장에 모인 학생들이 좋아하는 운동]

연주	장호	민희	재원	동훈	주희	태영	진수	다연	은수
배구	축구	수영	축구	야구	수영	야구	축구	야구	수영

4. 좋아하는 운동별로 학생 수를 세어 표로 나타내어 보시오.

[좋아하는 운동별 학생 수]

운동	배구	축구	수영	야구	계
학생 수(명)					

5. 운동장에 모인 학생은 모두 몇 명입니까?

[답]

6. 4번의 표는 좋아하는 운동별 학생 수를 알아보기에 편리합니까?

[답]

❀ 이름 :

❀ 날짜 :

❀ 시간 : 시 분 ~ 시 분

확인

다음은 세 어린이가 퀴즈 문제를 푼 결과를 조사한 자료입니다. 물음에 답하시오.(1~9)

[퀴즈 문제 성적]

이름 \ 문제	1	2	3	4	5	6	7	8	9	10
다솔	○	○	○	×	○	×	×	○	○	×
보라	○	×	○	○	○	○	×	○	×	○
한샘	○	○	○	○	○	○	×	○	○	○

맞은 것 : ○, 틀린 것 : ×

1. 퀴즈 문제는 모두 몇 문제입니까?

[답]

2. 퀴즈 문제를 푸는데 참가한 어린이는 모두 몇 명입니까?

[답]

3. 3명의 어린이가 모두 맞힌 문제의 번호를 모두 쓰시오.

[답]

4. 위의 조사한 것을 보면 누가 어떤 문제를 맞히고 틀렸는지 알 수 있습니까?

[답]

5. 앞의 조사한 것을 보고 표로 나타내어 보시오.

[퀴즈 문제 성적]

이름	다솔	보라	한샘	계
정답 수(문제)	6			
오답 수(문제)				

6. 가장 많이 맞힌 사람은 누구입니까?

[답]

7. 가장 많이 틀린 사람은 누구입니까?

[답]

8. 3사람의 정답 수의 합은 몇 문제입니까?

[답]

9. 5번의 표는 3사람의 정답 수의 합과 오답 수의 합을 알아보기에 편리합니까?

[답]

이름 :

날짜 :

시간 : 시 분 ~ 시 분

확인

다음은 어느 달의 날씨를 조사하여 기록한 것입니다. 물음에 답하시오.(1~10)

맑음, 흐림, 비, 눈

1. 이달의 12일에는 날씨가 어떠하였습니까?

[답]

2. 이달에는 비 온 날이 몇 번 있었습니까?

[답]

3. 눈이 계속해서 며칠 동안 왔습니까?

[답]

4. 위의 조사한 것을 보면 며칠의 날씨가 어떠했는지 알 수 있습니까?

[답]

5. 앞의 조사한 것을 보고 표로 나타내어 보시오.

[날씨별 날수]

날씨	맑은 날	흐린 날	비 온 날	눈 온 날	계
날수(일)					

6. 조사한 날은 모두 며칠입니까?

[답]

7. 흐린 날은 모두 며칠입니까?

[답]

8. 이달에는 어떤 날이 가장 많습니까?

[답]

9. 비 온 날과 눈 온 날의 차는 며칠입니까?

[답]

10. 5번의 표는 날씨별 날수를 알아보기에 편리합니까?

[답]

❀ 이름 :

❀ 날짜 :

❀ 시간 : 시 분 ~ 시 분

다음은 보라네 반 학생들이 태어난 달을 조사한 것입니다. 물음에 답하시오. (1~10)

보라	은희	연수	기호	보람	영수	정호	수정	진구
5월	3월	4월	6월	2월	3월	9월	7월	8월

수연	광호	누리	보연	연실	정원	승수	재현	현중
1월	12월	10월	11월	4월	5월	10월	3월	7월

정희	미숙	윤희	형철	재우	재승	기수	연정	미정
4월	3월	5월	3월	7월	1월	10월	9월	8월

재호	연식	아름	이슬	다운	다솔	재희	예솔	민호
2월	6월	6월	5월	12월	12월	4월	10월	3월

1. 4월에 태어난 학생의 이름을 모두 쓰시오.

[답]

2. 민호는 몇 월에 태어났습니까? [답]

3. 윤희와 같은 달에 태어난 학생은 누구누구입니까?

[답]

4. 위의 조사한 것을 보고 알 수 있는 점을 쓰시오.

[답]

5. 앞의 조사한 것을 보고 표로 나타내어 보시오.

[태어난 달별 학생 수]

태어난 달	1	2	3	4	5	6	7	8	9	10	11	12	계
학생 수(명)													

6. 보라네 반 학생은 모두 몇 명입니까?

[답]

7. 10월에 태어난 학생은 모두 몇 명입니까?

[답]

8. 가장 많은 학생이 태어난 달은 몇 월입니까?

[답]

9. 학생들이 가장 많이 태어난 달과 가장 적게 태어난 달의 학생 수의 차는 몇 명입니까?

[답]

10. 5번의 표가 편리한 점을 쓰시오.

[답]

이름 :
날짜 :
시간 : 시 분 ~ 시 분

다음은 아름이가 가지고 있는 장난감을 조사하여 표로 나타낸 것입니다. 물음에 답하시오.(1~3)

[종류별 장난감의 개수]

장난감	자동차	인형	블록	비행기	계
개수(개)	7	9	3	4	23

1. 장난감의 종류는 모두 몇 가지입니까?

[답]

2. 장난감의 개수만큼 ○표를 하여 그래프로 나타내어 보시오.

[종류별 장난감의 개수]

장난감 \ 개수(개)	1	2	3	4	5	6	7	8	9	10
자동차										
인형										
블록										
비행기										

3. 개수가 가장 많은 장난감은 무엇입니까?

[답]

다음은 예솔이의 책상 위에 있는 물건들을 조사하여 표로 나타낸 것입니다. 물음에 답하시오.(4~6)

[종류별 물건의 개수]

물건	책	공책	연필	색연필	지우개	참고서	계
개수(개)	3	5	9	6	2	4	

4. 책상 위에 있는 물건은 모두 몇 개입니까?

[답]

5. 물건의 개수만큼 ○표를 하여 그래프로 나타내어 보시오.

[종류별 물건의 개수]

물건 \ 개수(개)	1	2	3	4	5	6	7	8	9	10
책										
공책										
연필										
색연필										
지우개										
참고서										

6. 가장 많은 물건은 무엇입니까?

[답]

* 이름 :
* 날짜 :
* 시간 : 시 분 ~ 시 분

다음은 두연이네 모둠 학생들이 좋아하는 과일을 조사한 것입니다. 물음에 답하시오.(1~3)

두연	한울	두리	단비	이슬	한별	다운
귤	배	사과	귤	사과	복숭아	사과

1. 위의 조사한 것을 보고 표로 나타내어 보시오.

[좋아하는 과일별 학생 수]

과일	귤	배	사과	복숭아	계
학생 수(명)					

2. 1번의 표를 보고 좋아하는 과일별 학생 수만큼 ○표를 하여 그래프로 나타내어 보시오.

[좋아하는 과일별 학생 수]

4				
3				
2				
1				
학생 수(명) / 과일	귤	배	사과	복숭아

3. 가장 많은 학생이 좋아하는 과일은 무엇입니까?

[답]

경수네 반 학생들이 좋아하는 운동을 조사하였습니다. 물음에 답하시오.(4~6)

경수	지원	진희	범규	근호	민지	영준	정욱	다은	지은
배구	축구	수영	축구	야구	수영	야구	축구	축구	수영

4. 위의 조사한 것을 보고 표로 나타내어 보시오.

[좋아하는 운동별 학생 수]

운동	배구	축구	수영	야구	계
학생 수(명)					

5. 4번의 표를 보고 좋아하는 운동별 학생 수만큼 ○표를 하여 그래프로 나타내어 보시오.

[좋아하는 운동별 학생 수]

4				
3				
2				
1				
학생 수(명) / 운동	배구	축구	수영	야구

6. 조사한 것을 그래프로 나타내면 조사한 내용을 한눈에 알아보기에 편리합니까?

[답]

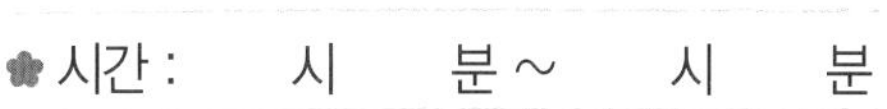

이름 :
날짜 :
시간 : 시 분 ~ 시 분

다음은 영주가 2주일 동안의 날씨를 조사한 것입니다. 물음에 답하시오.(1~8)

일	월	화	수	목	금	토
맑음	맑음	흐림	맑음	맑음	흐림	비

일	월	화	수	목	금	토
맑음	흐림	흐림	비	맑음	흐림	비

1. 위의 조사한 것을 보고 표로 나타내어 보시오.

[날씨별 날수]

날씨	맑은 날	흐린 날	비 온 날	계
날수(일)				

2. 1번의 표를 보고 날씨별 날수만큼 ○표를 하여 그래프로 나타내어 보시오.

[날씨별 날수]

6			
5			
4			
3			
2			
1			
날수(일) / 날씨	맑은 날	흐린 날	비 온 날

3. 모두 며칠 동안의 날씨를 조사하였습니까?

[답]

4. 맑은 날은 모두 며칠입니까?

[답]

5. 흐린 날은 모두 며칠입니까?

[답]

6. 맑은 날, 흐린 날, 비 온 날 중에서 어떤 날이 가장 많습니까?

[답]

7. 맑은 날과 흐린 날의 합은 며칠입니까?

[답]

8. 맑은 날과 비 온 날의 차는 며칠입니까?

[답]

이름 :

날짜 :

시간 : 시 분 ~ 시 분

다음은 연희네 반 학생들이 좋아하는 과목을 조사하여 표로 나타낸 것입니다. 물음에 답하시오.(1~7)

[좋아하는 과목별 학생 수]

과목	국어	수학	바른 생활	슬기로운 생활	즐거운 생활	계
학생 수(명)	5	6	8	4	7	

1. 연희네 반 학생은 모두 몇 명입니까?

[답]

2. 위의 표를 보고 그래프로 나타내어 보시오.

[좋아하는 과목별 학생 수]

8					
7					
6					
5					
4					
3					
2					
1					
학생 수(명) / 과목	국어	수학	바른 생활	슬기로운 생활	즐거운 생활

3. 가장 많은 학생이 좋아하는 과목은 무엇입니까?

[답]

4. 가장 적은 학생이 좋아하는 과목은 무엇입니까?

[답]

5. 가장 많은 학생이 좋아하는 과목부터 차례로 쓰시오.

[답]

6. 국어를 좋아하는 학생 수와 수학을 좋아하는 학생 수의 차는 몇 명입니까?

[답]

7. 앞의 그래프를 보고 알 수 있는 것은 어느 것입니까?

① 여학생들이 좋아하는 과목
② 둘째 번으로 많은 학생이 좋아하는 과목
③ 남학생들이 좋아하는 과목
④ 연희가 좋아하는 과목

이름 :

날짜 :

시간 : 시 분 ~ 시 분

확인

현희네 반 학생들이 좋아하는 동물을 조사하였습니다. 물음에 답하시오.(1~6)

㉮ [학생들이 좋아하는 동물]

현희	순영	준우	민희	현일	지원	재임
정원	민호	세란	규연	보라	성호	경희

㉯ [좋아하는 동물별 학생 수]

동물	강아지	고양이	토끼	다람쥐	계
학생 수(명)					

㉰ [좋아하는 동물별 학생 수]

5				
4				
3				
2				
1				
학생 수(명) / 동물	강아지	고양이	토끼	다람쥐

1. 조사한 것을 보고 표와 그래프로 나타내어 보시오.

2. ㉮, ㉯, ㉰ 중에서 동물별 좋아하는 학생은 누구누구인지 알 수 있는 것은 어느 것입니까?

[답]

3. ㉮, ㉯, ㉰ 중에서 동물별 좋아하는 학생 수를 알아보기에 편리한 것은 어느 것입니까?

[답]

4. ㉮, ㉯, ㉰ 중에서 조사한 학생은 모두 몇 명인지 알아보기에 편리한 것은 어느 것입니까?

[답]

5. ㉮, ㉯, ㉰ 중에서 가장 많은 학생이 좋아하는 동물과 가장 적은 학생이 좋아하는 동물은 무엇인지 알아보기에 편리한 것은 어느 것입니까?

[답]

6. ㉮, ㉯, ㉰ 중에서 조사한 내용을 한눈에 알아보기에 편리한 것은 어느 것입니까?

[답]

◆ 이름 :

◆ 날짜 :

◆ 시간 : 시 분 ~ 시 분

다음은 영아와 친구들이 고리 던지기 놀이를 한 결과를 조사한 자료입니다. 물음에 답하시오.(1~6)

이름 \ 횟수(회)	1	2	3	4	5	6	7	8	9	10
영아	○	○	×	○	×	○	○	×	×	○
진이	×	○	○	×	○	○	○	×	×	×
수연	○	×	×	○	×	○	×	×	○	×
주리	○	○	○	○	○	○	○	×	○	○

성공 : ○, 실패 : ×

1. 위의 자료를 보고 표로 나타내어 보시오.

[학생별 성공 횟수]

이름	영아	진이	수연	주리	계
성공 횟수(회)					

2. 1번의 표를 보고 성공한 횟수만큼 색을 칠하여 그래프로 나타내어 보시오.

[학생별 성공 횟수]

이름 \ 성공 횟수(회)	1	2	3	4	5	6	7	8	9	10
영아										
진이										
수연										
주리										

3. 4명의 학생이 각각의 횟수별로 성공한 결과와 실패한 결과를 알 수 있는 것은 어느 것입니까?

① 조사 자료　　② 표　　③ 그래프

4. 4명의 학생이 성공한 횟수의 합을 알아보기에 편리한 것은 어느 것입니까?

① 조사 자료　　② 표　　③ 그래프

5. 성공한 횟수가 가장 많고 적음을 알아보기에 편리한 것은 어느 것입니까?

① 조사 자료　　② 표　　③ 그래프

6. 조사한 내용을 한눈에 알아보기에 편리한 것은 어느 것입니까?

① 조사 자료　　② 표　　③ 그래프

이름 :

날짜 :

시간 : 시 분 ~ 시 분

확인

다음을 읽고 조사 자료에 관한 것이면 '조', 표에 관한 것이면 '표', 그래프에 관한 것이면 '그'라고 쓰시오.(1~4)

1. 한 달 동안의 날씨를 조사하였습니다. 그달 마지막 날의 날씨를 알 수 있습니다.

[답]

2. 어느 학교 학생들이 좋아하는 과목을 조사하였습니다. 가장 많은 학생이 좋아하는 과목과 가장 적은 학생이 좋아하는 과목을 쉽게 알 수 있습니다.

[답]

3. 운동장에 모인 학생들을 대상으로 가장 좋아하는 운동을 조사하였습니다. 운동장에 모인 학생이 모두 몇 명인지 쉽게 알 수 있습니다.

[답]

4. 주차장에 있는 자동차의 종류를 조사하였습니다. 종류별로 자동차의 많고 적음을 쉽게 알 수 있습니다.

[답]

5. 다음은 어떤 것을 조사하고 정리하는 내용을 적은 것입니다. 알맞은 순서대로 번호를 쓰시오.

① 조사한 것을 정리하여 표로 나타냅니다.

② 조사한 자료를 잘 정리합니다.

③ 무엇을 조사할 것인지를 결정합니다.

④ 어떤 방법으로 조사할 것인지를 정합니다.

⑤ 표를 보고 그래프로 나타냅니다.

⑥ 표와 그래프를 보고 여러 가지 사실을 비교하여 알아봅니다.

[답]

이름 :

날짜 :

시간 : 시 분 ~ 시 분

확인

창의력 학습

동훈, 희진, 현철, 성은, 경태가 달리기를 하고 있습니다. 1등부터 5등까지의 어린이 이름을 차례로 말해 보시오.

어린이들이 한 줄로 앉아 있습니다. 앞에서 볼 때, 우정이의 자리는 오른쪽에서부터 넷째이고 왼쪽에서부터 다섯째입니다. 모두 몇 명이 앉아 있습니까?

이름 :

날짜 :

시간 : 시 분 ~ 시 분

1. 소연이가 친구들과 함께 고리 던지기 놀이를 한 것을 표로 나타낸 것입니다. 물음에 답하시오.

[고리 던지기 놀이]

이름	소연	진이	수희	아름	보라	다솜	계
성공한 횟수(회)	7	4	6	3	9	8	
실패한 횟수(회)	3	6	4	7	1	2	

(1) 고리 던지기 놀이를 한 사람은 몇 명입니까? [답]

(2) 한 사람이 몇 회씩 고리를 던졌습니까? [답]

(3) 6명이 성공한 횟수는 모두 몇 회입니까? [답]

(4) 6명이 성공한 횟수와 실패한 횟수의 차를 구하시오.

[식] [답]

(5) 위의 표를 보고 알 수 없는 것은 어느 것입니까?

① 소연이가 7째 번 던진 것이 성공했다는 것
② 수희와 다솜이가 성공한 횟수의 합
③ 보라가 성공한 횟수와 실패한 횟수의 차
④ 6명의 어린이가 실패한 횟수의 합

2. 보람이네 반 학생들이 좋아하는 과일을 조사한 표입니다. 물음에 답하시오.

[좋아하는 과일별 학생 수]

과일 \ 남녀	남자	여자	계
사과	㉮	6	15
배	5	4	
귤	6		㉯
합계	㉰	18	㉱

(1) 위의 빈칸에 알맞은 수를 써넣으시오.

(2) 가장 많은 보람이네 반 학생들이 좋아하는 과일은 무엇입니까?

[답]

(3) 가장 많은 여학생들이 좋아하는 과일은 무엇입니까?

[답]

(4) 위의 표에서 ㉮, ㉯, ㉰, ㉱에 들어갈 수의 합을 구하시오.

㉮+㉯+㉰+㉱= □

(5) 위의 표를 그래프로 나타내면 무엇을 알아보기에 편리합니까?

[답]

3. 민수네 반 학생들의 장래 희망을 조사한 것입니다. 조사한 것을 보고 표와 그래프를 완성하시오.

[학생들의 장래 희망]

이름	장래 희망	이름	장래 희망	이름	장래 희망	이름	장래 희망
민수	연예인	정민	의사	형민	연예인	지혜	의사
미희	선생님	인호	연예인	윤혜	의사	기호	선생님
진호	과학자	상미	연예인	병호	과학자	진주	연예인
유미	의사	동수	선생님	혜정	연예인	정호	의사

[장래 희망별 학생 수]

장래 희망					계
학생 수(명)					

[장래 희망별 학생 수]

학생 수(명) / 장래 희망				

4. 작년에 준우네 학교에 전학 온 학생 수를 조사하여 표로 나타낸 것입니다. 물음에 답하시오.

[전학 온 학생 수]

학년	1	2	3	4	5	6	합계
남학생 수(명)	4	2	4	5	4	4	23
여학생 수(명)	1	4	5	2	4	6	22
합계	5	6	9	7	8	10	45

(1) 위의 표를 보고 남학생 수는 ○표, 여학생 수는 △표를 하여 그래프로 나타내어 보시오.

[전학 온 학생 수]

6												
5												
4												
3												
2												
1												
학생 수 (명) / 학년	남	여	남	여	남	여	남	여	남	여	남	여
	1		2		3		4		5		6	

(2) 전학 온 학생 수가 가장 많은 학년은 몇 학년입니까?

[답]

(3) 전학 온 남학생 수가 여학생 수보다 많은 학년을 모두 쓰시오.

[답]

사고력도 탄탄! 창의력도 탄탄!

기탄사고력수학

F5

F286a ~ F300b

학습 관리표

학습 내용		이번 주는?
확인 학습	· 덧셈과 뺄셈 (2) · 분수 · 표와 그래프 · 창의력 학습 · 경시 대회 예상 문제 · 성취도 테스트	• 학습 방법 : ① 매일매일 ② 가끔 ③ 한꺼번에 하였습니다. • 학습 태도 : ① 스스로 잘 ② 시켜서 억지로 하였습니다. • 학습 흥미 : ① 재미있게 ② 싫증내며 하였습니다. • 교재 내용 : ① 적합하다고 ② 어렵다고 ③ 쉽다고 하였습니다.

지도 교사가 부모님께	부모님이 지도 교사께

평가	Ⓐ 아주 잘함	Ⓑ 잘함	Ⓒ 보통	Ⓓ 부족함

원(교) 반 이름 전화

기초부터 탄탄하게 기탄교육
www.gitan.co.kr / (02)586-1007(대)

이렇게 도와 주세요!

● 학습 목표

- 받아올림과 받아내림이 한 번 또는 두 번 있는 세 자리 수의 덧셈과 뺄셈을 할 수 있다.
- 세 자리 수인 세 수의 덧셈, 뺄셈, 혼합 계산을 할 수 있다.
- 똑같이 나누어진 전체와 부분의 크기를 비교함으로써 분수의 정의를 이해할 수 있다.
- 분수의 크기만큼 색칠하거나 색칠된 부분을 분수로 나타낼 수 있다.
- 생활 속에서 필요한 통계 자료를 조사하여 표와 그래프로 나타낼 수 있다.
- 표와 그래프를 보고 자료의 크기를 비교할 수 있다.

● 지도 내용

- 받아올림과 받아내림이 한 번 또는 두 번 있는 세 자리 수의 덧셈과 뺄셈의 원리를 이해하고 계산하게 한다.
- 세 자리 수인 세 수의 덧셈, 뺄셈, 혼합 계산의 방법을 알고 계산하게 한다.
- 똑같이 나누어진 전체와 부분의 크기를 비교하여 분수로 나타내어 보게 한다.
- 분수의 크기만큼 색칠하여 보고, 색칠된 부분을 분수로 나타내어 보게 한다.
- 조사 목적에 맞는 자료를 모으고, 모은 자료를 알맞게 분류·정리하여 표로 나타내어 보게 하고, 그 표를 보고 그래프로 나타내어 보게 한다.

● 지도 요점

앞에서 학습한 세 자리 수의 덧셈과 뺄셈 (2), 분수, 표와 그래프를 확인 학습하는 주입니다.

여러 유형의 문제를 접해 보게 함으로써 아이가 학습한 지식을 잘 응용할 수 있도록 지도해 주십시오. 그리고 성취도 테스트를 이용해서 주어진 시간 내에 주어진 문제를 푸는 연습을 하도록 지도해 주십시오.

- 이름 :
- 날짜 :
- 시간 : 시 분 ~ 시 분

다음 계산을 하시오.(1~8)

1.
$$\begin{array}{r} 456 \\ +\ \ 28 \\ \hline \end{array}$$

2.
$$\begin{array}{r} 438 \\ +272 \\ \hline \end{array}$$

3.
$$\begin{array}{r} 85 \\ +649 \\ \hline \end{array}$$

4.
$$\begin{array}{r} 637 \\ +181 \\ \hline \end{array}$$

5.
$$\begin{array}{r} 540 \\ +\ \ 70 \\ \hline \end{array}$$

6.
$$\begin{array}{r} 607 \\ +193 \\ \hline \end{array}$$

7.
$$\begin{array}{r} 56 \\ +900 \\ \hline \end{array}$$

8.
$$\begin{array}{r} 548 \\ +236 \\ \hline \end{array}$$

다음 계산을 하시오.(9~18)

9. 574+83=

10. 379+265=

11. 96+708=

12. 507+246=

13. 423+57=

14. 435+104=

15. 95+307=

16. 308+292=

17. 546+32=

18. 242+263=

이름 :

날짜 :

시간 : 시 분 ~ 시 분

다음 계산을 하시오.(1~8)

1.
$$\begin{array}{r} 347 \\ -\ \ 24 \\ \hline \end{array}$$

2.
$$\begin{array}{r} 653 \\ -275 \\ \hline \end{array}$$

3.
$$\begin{array}{r} 426 \\ -\ \ 73 \\ \hline \end{array}$$

4.
$$\begin{array}{r} 523 \\ -152 \\ \hline \end{array}$$

5.
$$\begin{array}{r} 724 \\ -\ \ 85 \\ \hline \end{array}$$

6.
$$\begin{array}{r} 540 \\ -128 \\ \hline \end{array}$$

7.
$$\begin{array}{r} 650 \\ -\ \ 45 \\ \hline \end{array}$$

8.
$$\begin{array}{r} 708 \\ -209 \\ \hline \end{array}$$

다음 계산을 하시오.(9~18)

9. 573−48=

10. 742−386=

11. 904−57=

12. 565−182=

13. 426−24=

14. 605−358=

15. 715−72=

16. 846−217=

17. 300−46=

18. 650−385=

❀ 이름 :
❀ 날짜 :
❀ 시간 : 시 분 ~ 시 분

확인

1. □ 안에 알맞은 수를 써넣으시오.

(1)

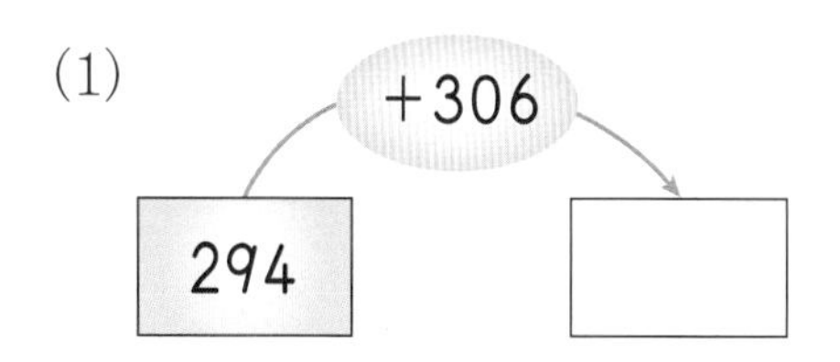

(2)

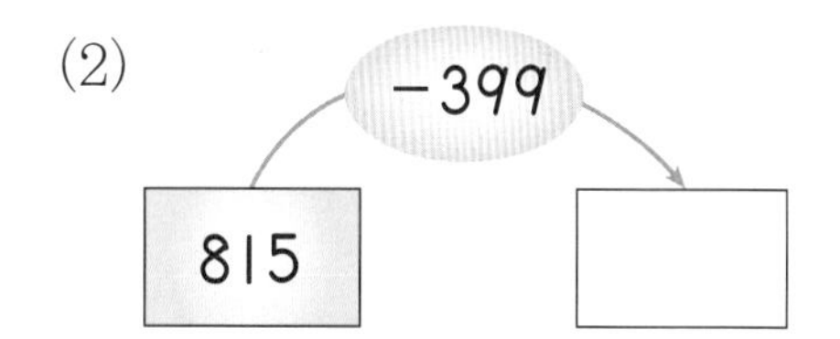

2. 295+325를 여러 가지 방법으로 계산하여 보시오.

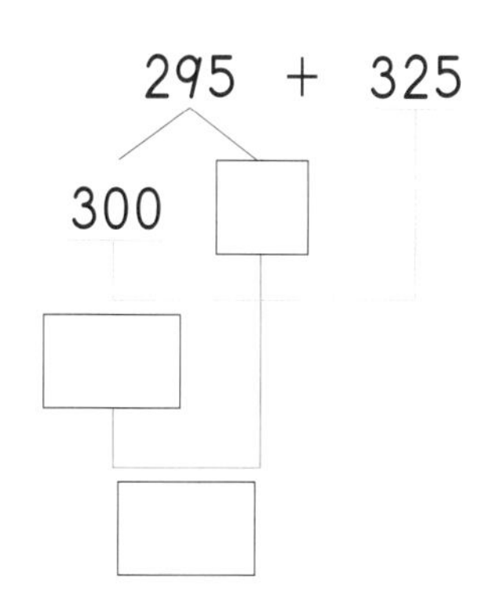

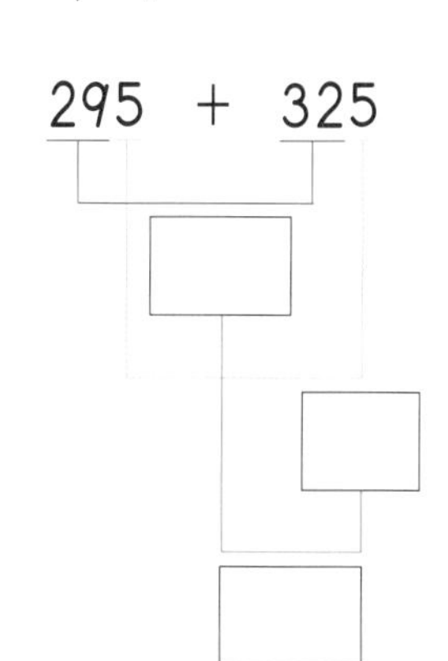

3. 743-298을 여러 가지 방법으로 계산하여 보시오.

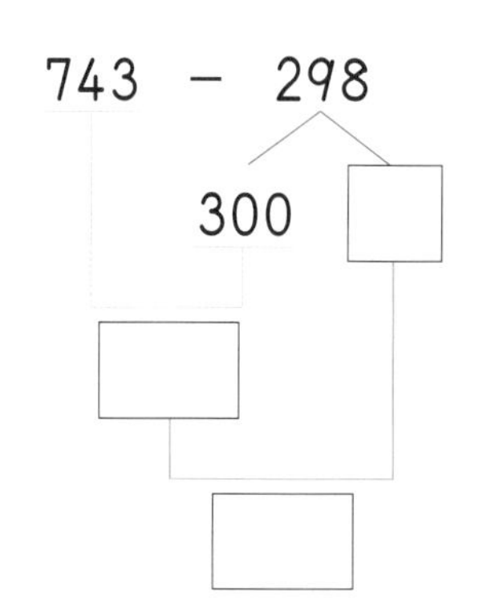

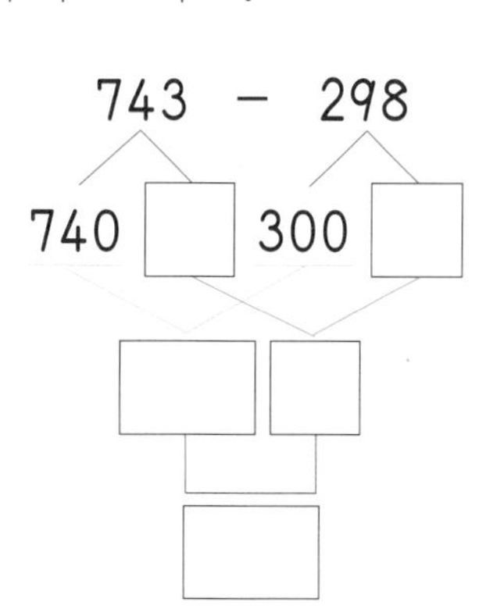

다음 계산을 하시오.(4~9)

4. 328+207+295=

5. 900−254−319=

6. 345+105−180=

7. 808−384+277=

8. 542+268−154=

9. 313−269+372=

❀ 이름 :
❀ 날짜 :
❀ 시간 : 시 분 ~ 시 분

1. ○ 안에 >, =, <를 알맞게 써넣으시오.

(1) 68+372 ○ 803−365

(2) 192+225 ○ 441−12

2. 0, 4, 6, 7 4장의 숫자 카드를 한 번씩만 사용하여 만들 수 있는 세 자리 수 중에서 가장 큰 수와 가장 작은 수의 차를 구하시오.

[답]

3. □ 안에 알맞은 수를 써넣으시오.

(1)

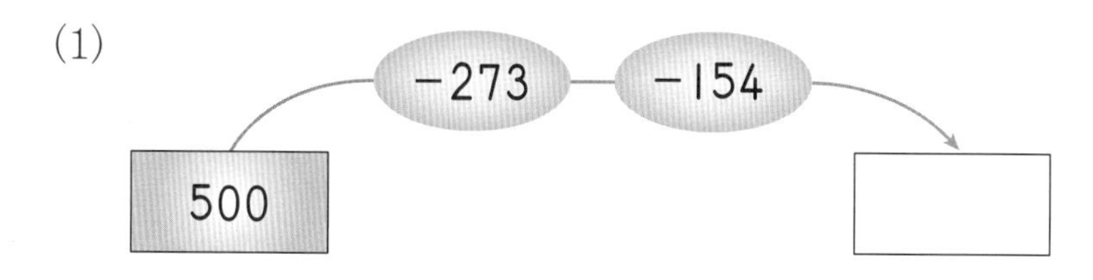

(2)

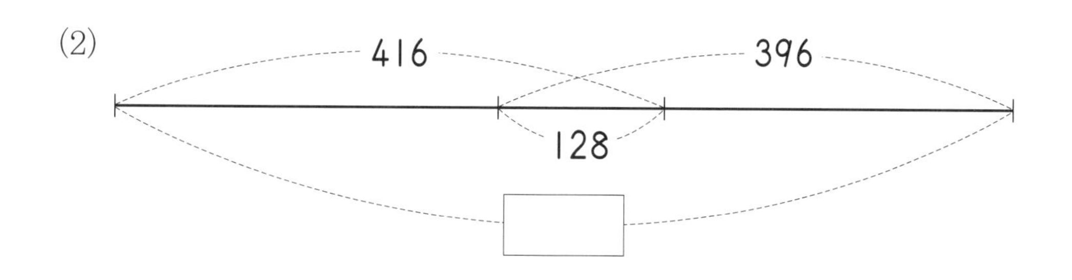

4. 축구 경기장에 어른은 587명, 어린이는 243명이 왔습니다. 축구 경기장에 모인 사람은 모두 몇 명입니까?

[식] [답]

5. 학교 정문에서 은수네 교실까지는 444걸음입니다. 학교 정문에서 문구점까지는 166걸음입니다. 학교 정문에서 은수네 교실까지는 학교 정문에서 문구점까지보다 몇 걸음 더 멉니까?

[식] [답]

6. 도토리를 아버지는 307개, 어머니는 208개, 준우는 185개 주웠습니다. 준우네 가족이 주운 도토리는 모두 몇 개입니까?

[식] [답]

7. 문구점에 공책이 232권 있습니다. 그중에서 186권을 팔고 173권을 더 들여왔습니다. 문구점에 있는 공책은 몇 권입니까?

[식] [답]

1. 똑같이 나누어진 도형을 모두 찾아 ○표 하시오.

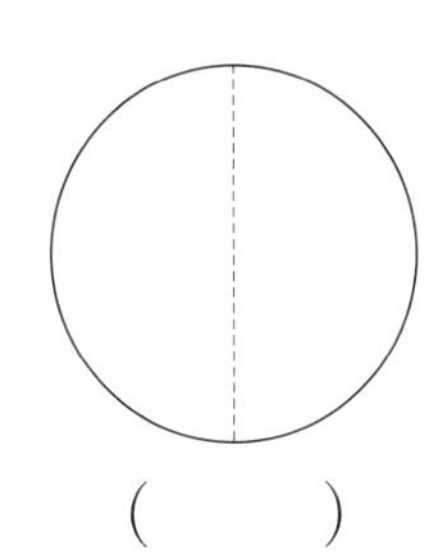
( )

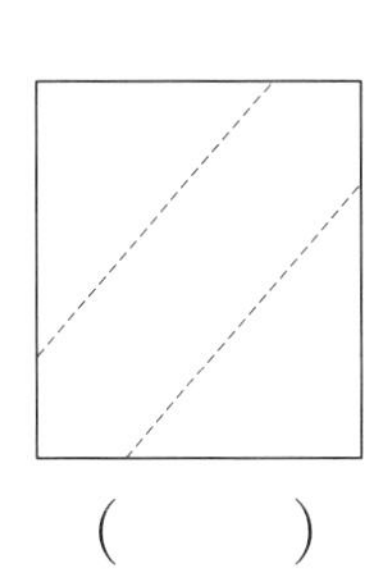
( )

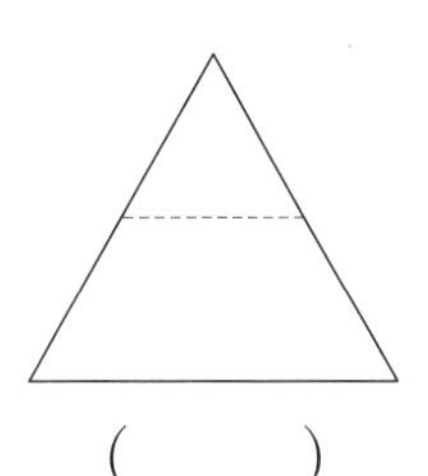
( )

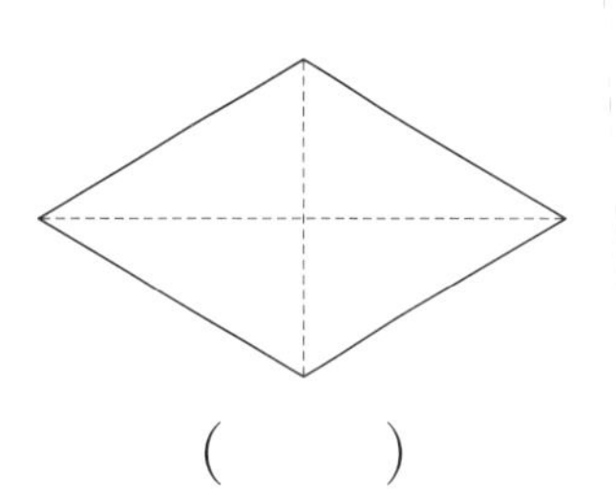
( )

2. 똑같이 셋으로 나누어진 도형을 모두 찾아 ○표 하시오.

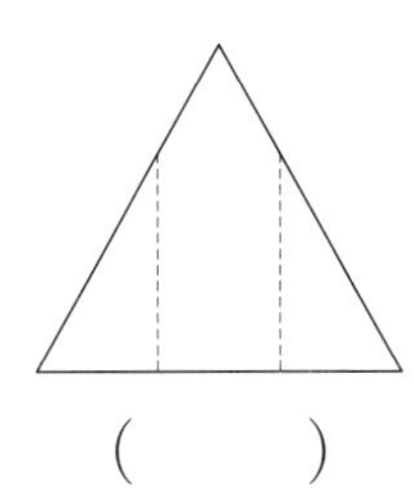
( )

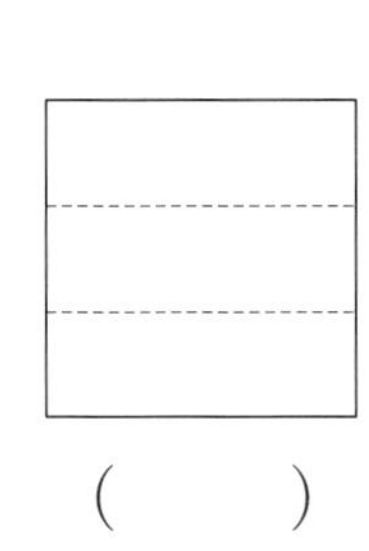
( )

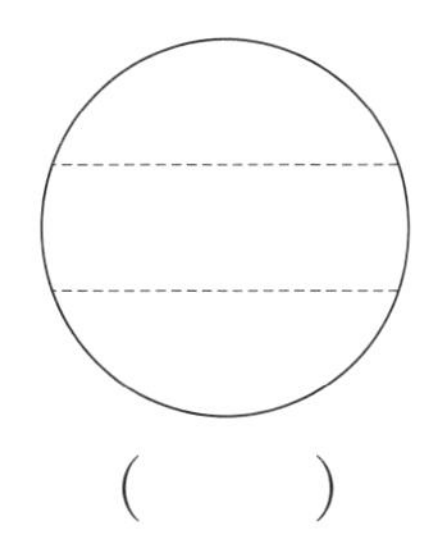
( )

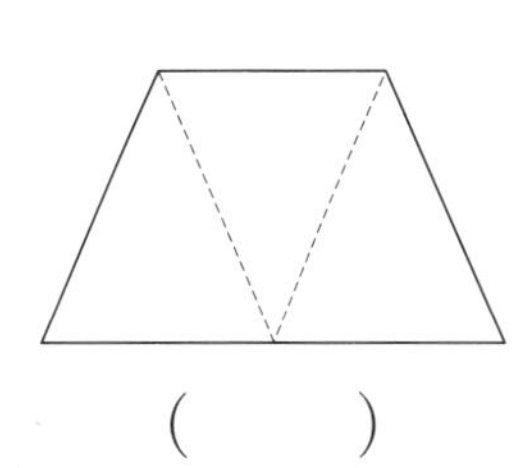
( )

3. 똑같이 넷으로 나누어진 도형을 모두 찾아 ○표 하시오.

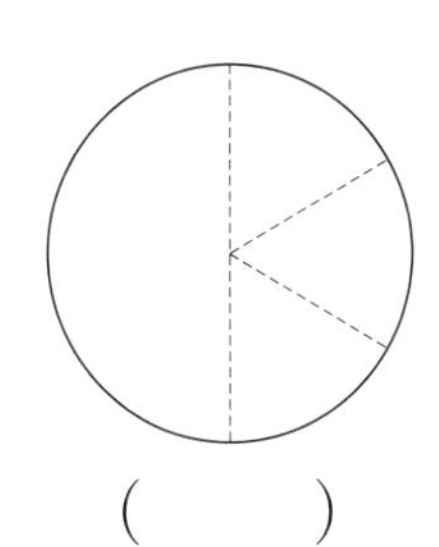
( )

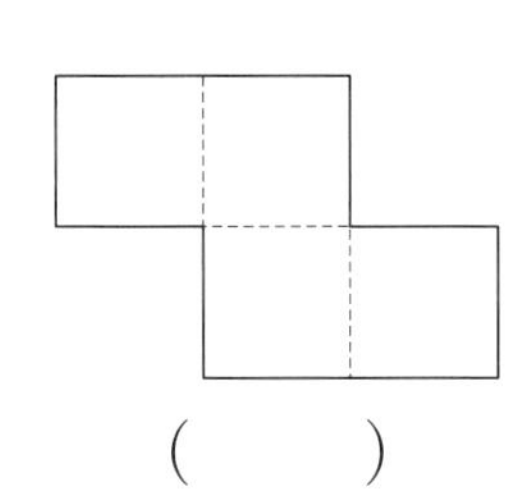
( )

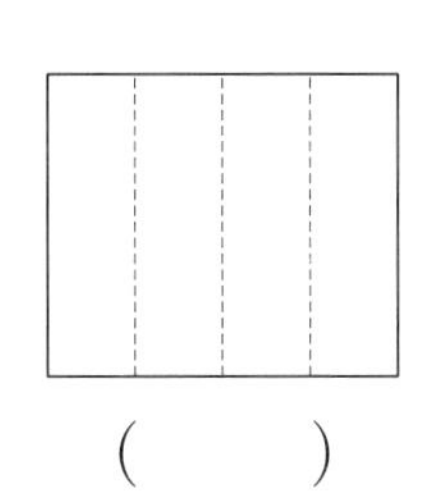
( )

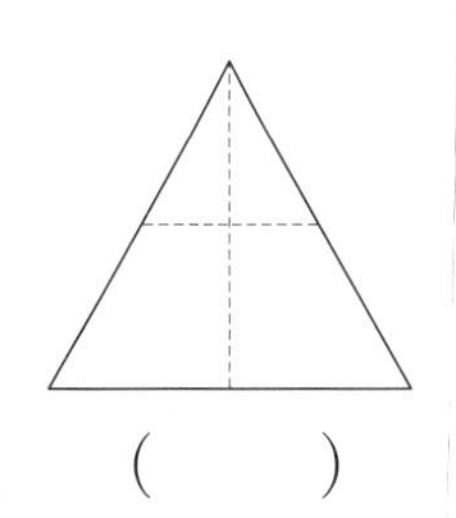
( )

4. 도형을 똑같이 둘로 나누어 보시오.

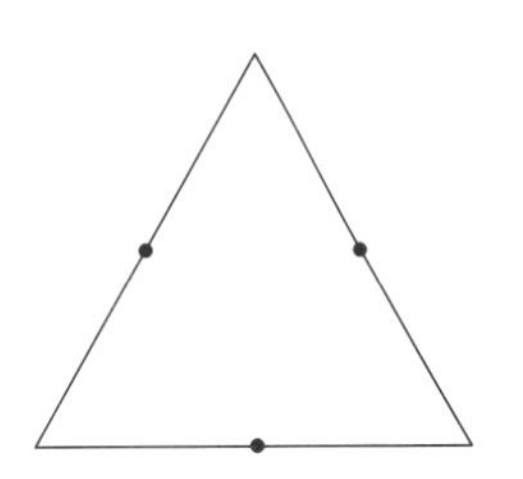
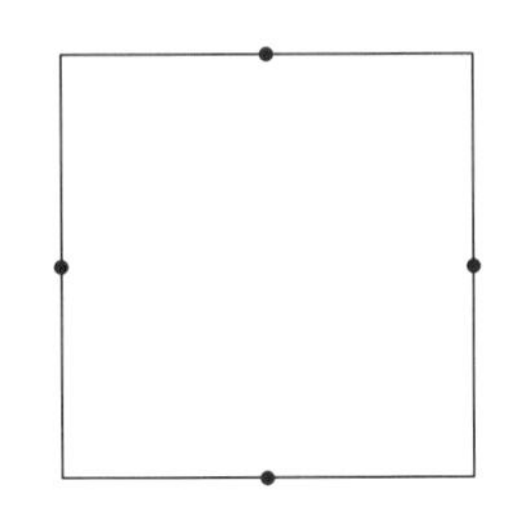
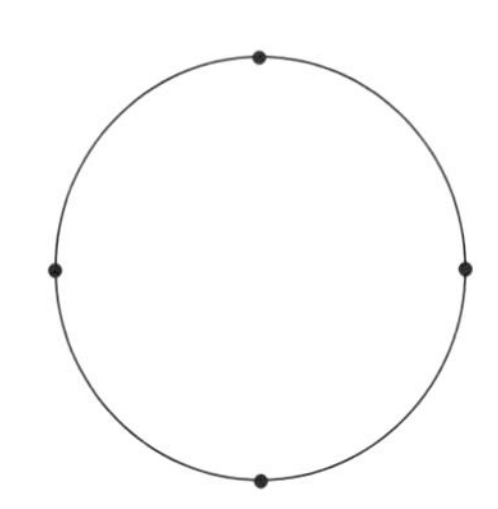

5. 도형을 똑같이 셋으로 나누어 보시오.

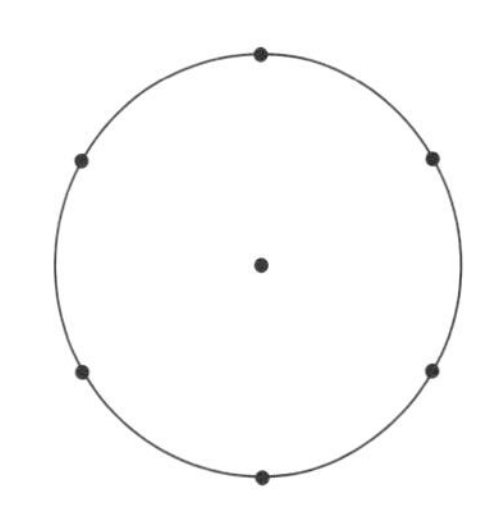
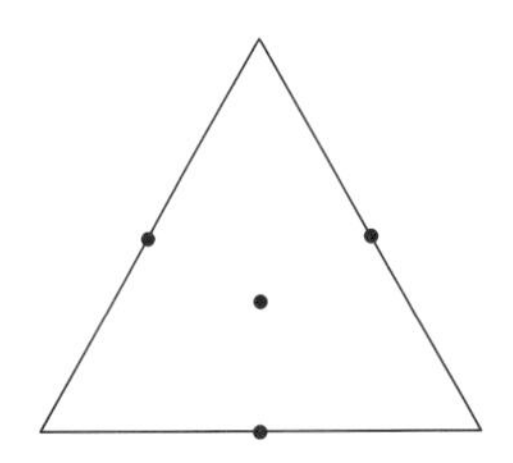
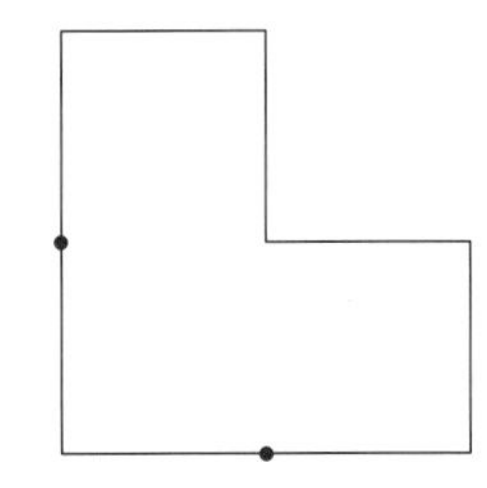

6. 도형을 똑같이 넷으로 나누어 보시오.

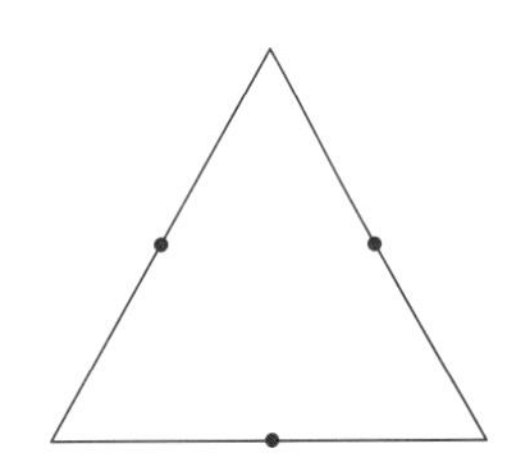
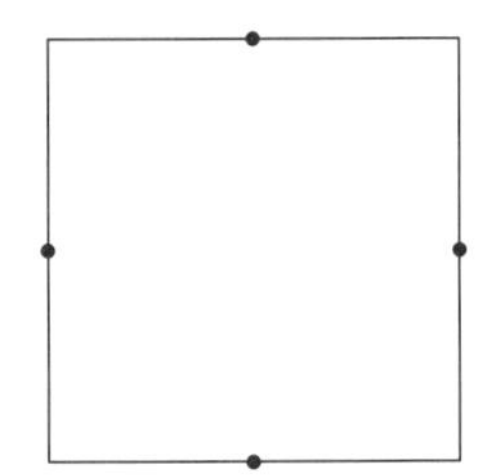
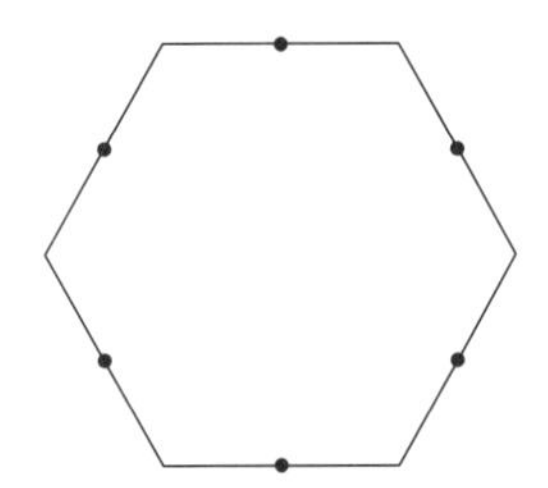

- 이름 :
- 날짜 :
- 시간 : 시 분 ~ 시 분

다음 □ 안에 알맞은 수를 써넣으시오.(1~3)

1.

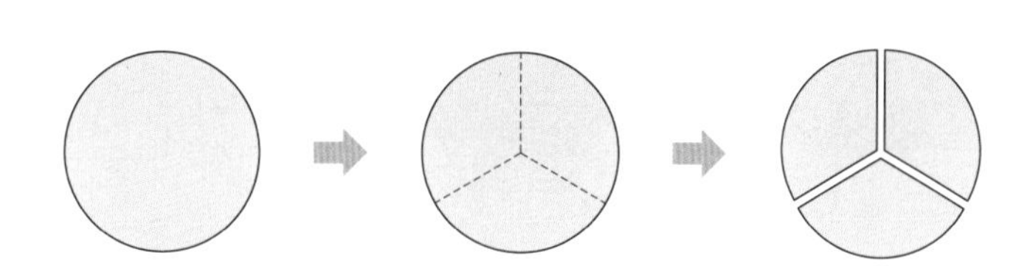

부분 은 전체 를 똑같이 □ 으로 나눈 것 중의 □ 입니다.

2.

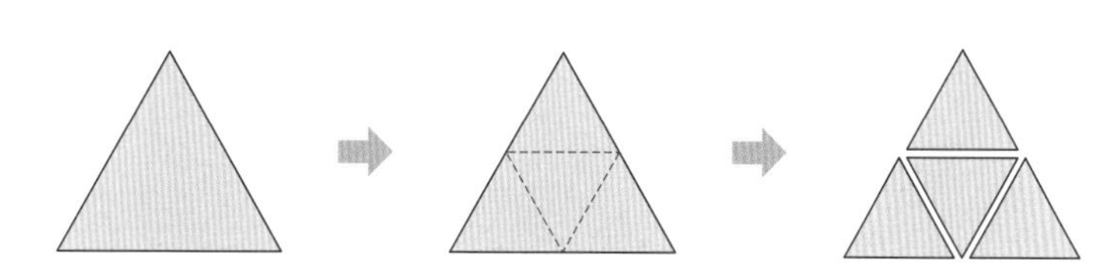

부분 은 전체 를 똑같이 □ 로 나눈 것 중의 □ 입니다.

3.

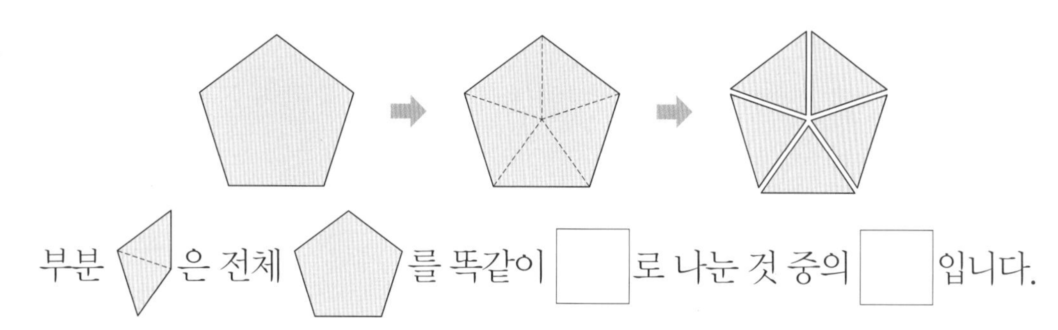

부분 은 전체 를 똑같이 □ 로 나눈 것 중의 □ 입니다.

다음 □ 안에 알맞게 써넣으시오.(4~6)

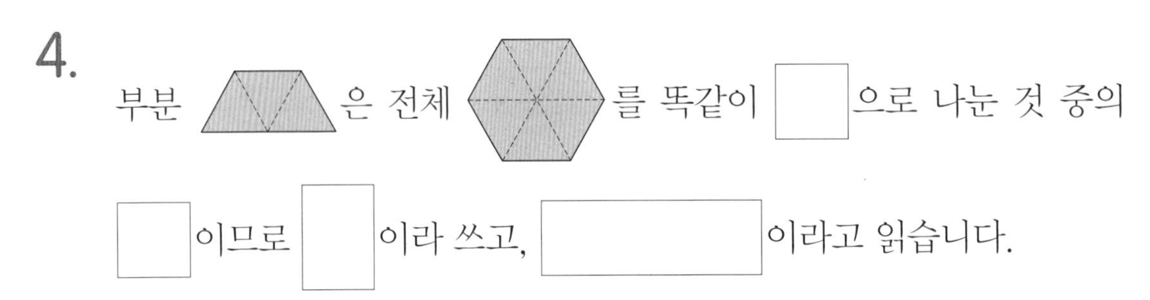

4. 부분 [사다리꼴 그림] 은 전체 [육각형 그림] 를 똑같이 □ 으로 나눈 것 중의 □ 이므로 □ 이라 쓰고, □ 이라고 읽습니다.

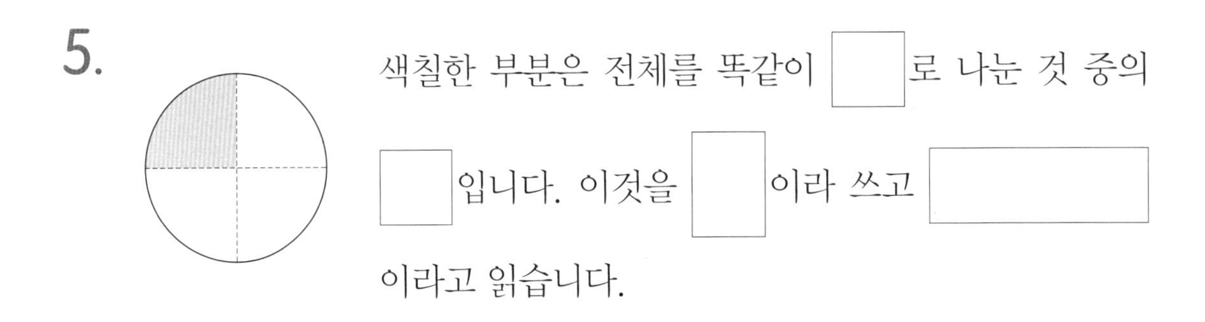

5. 색칠한 부분은 전체를 똑같이 □ 로 나눈 것 중의 □ 입니다. 이것을 □ 이라 쓰고 □ 이라고 읽습니다.

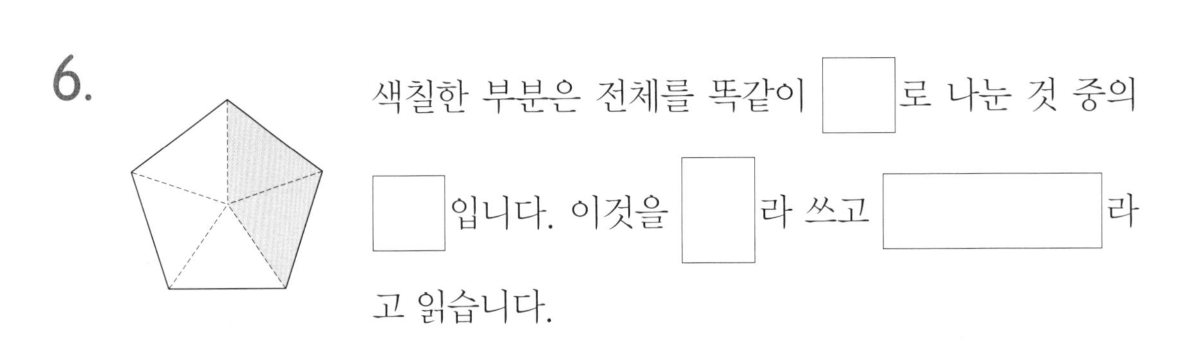

6. 색칠한 부분은 전체를 똑같이 □ 로 나눈 것 중의 □ 입니다. 이것을 □ 라 쓰고 □ 라고 읽습니다.

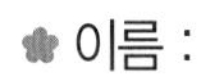

이름 :
날짜 :
시간 : 시 분 ~ 시 분

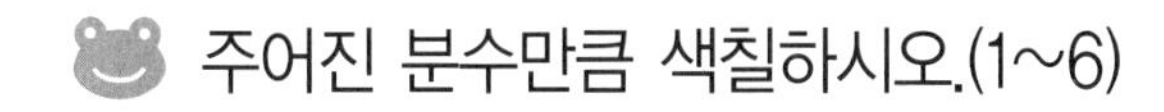
주어진 분수만큼 색칠하시오.(1~6)

1.
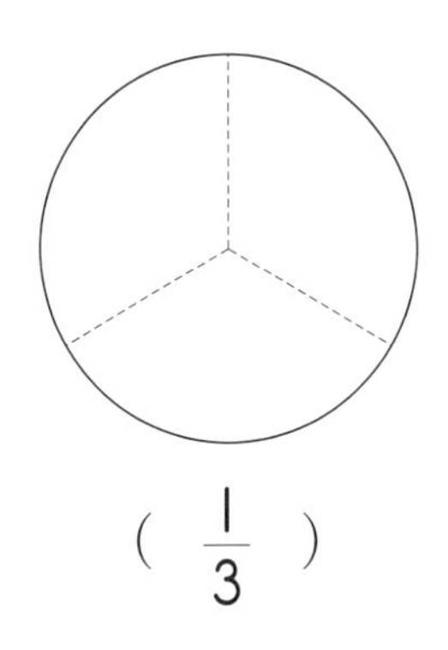
($\frac{1}{3}$)

2.
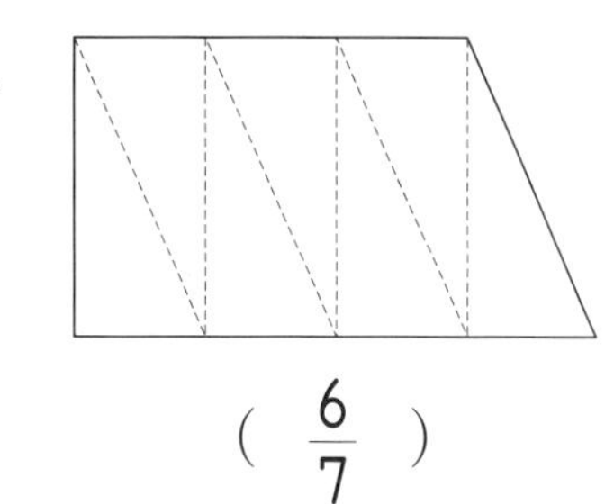
($\frac{6}{7}$)

3.
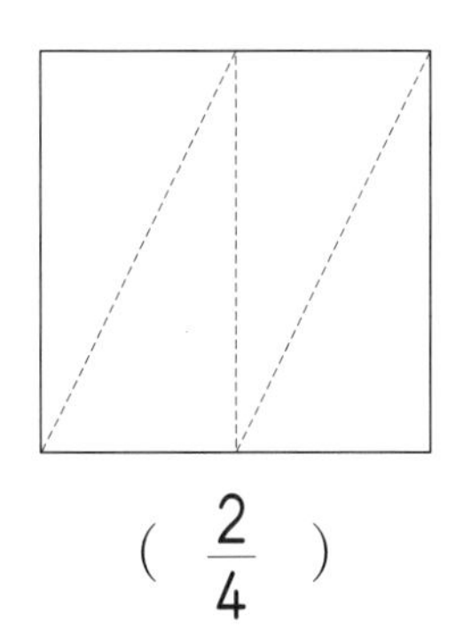
($\frac{2}{4}$)

4.
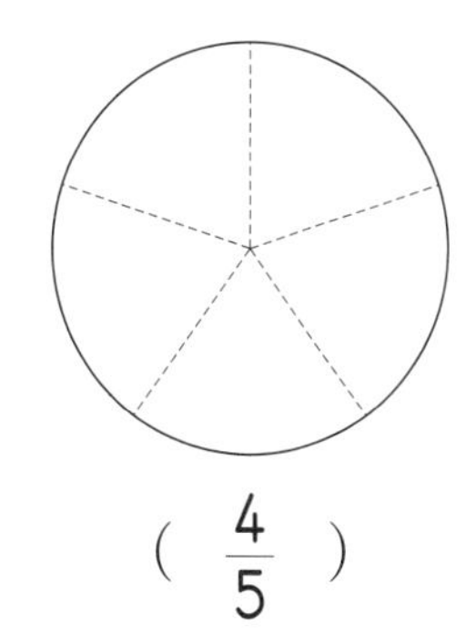
($\frac{4}{5}$)

5.
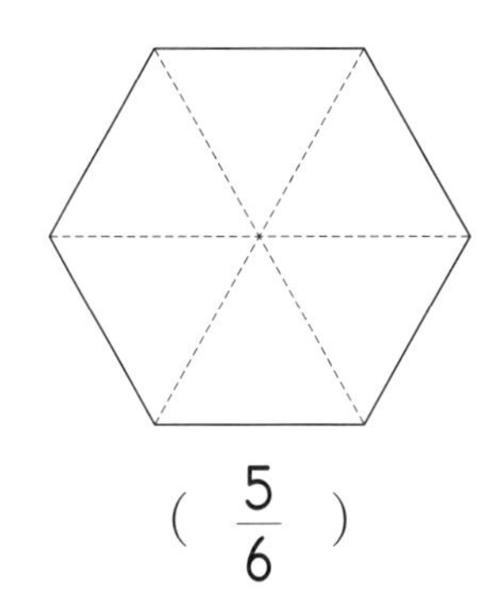
($\frac{5}{6}$)

6.
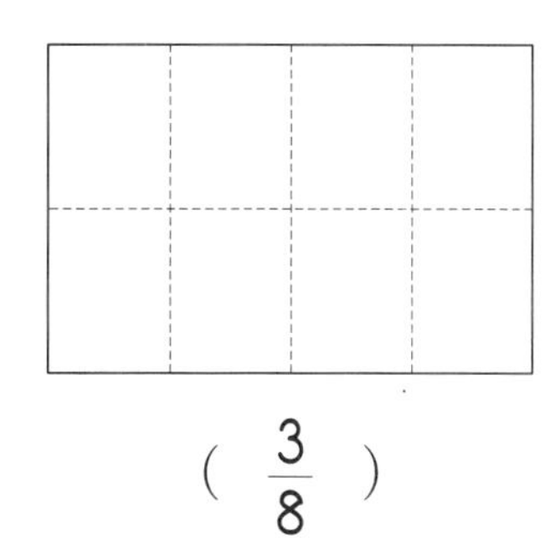
($\frac{3}{8}$)

 주어진 분수에 맞게 도형을 나누고, 알맞게 색칠하시오.(7~12)

7.

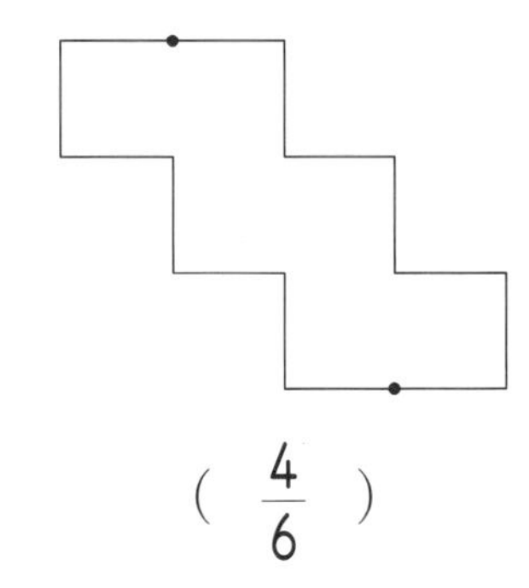

($\frac{4}{6}$)

8.

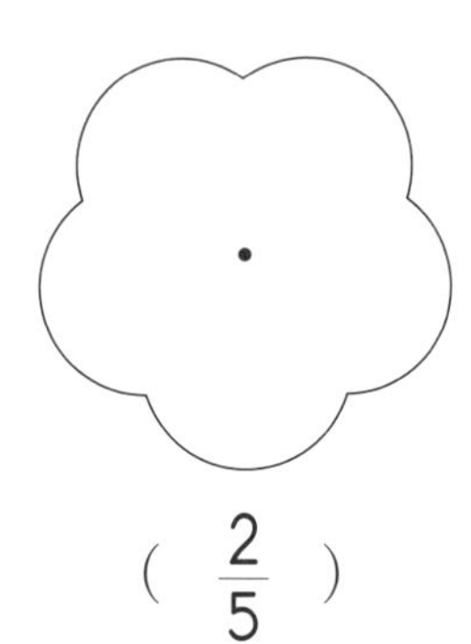

($\frac{2}{5}$)

9.

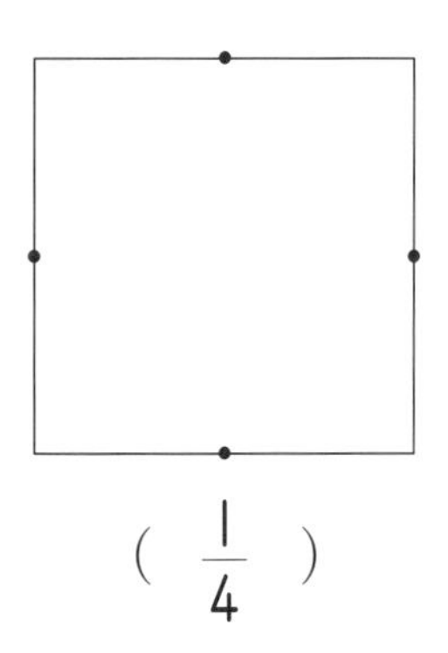

($\frac{1}{4}$)

10.

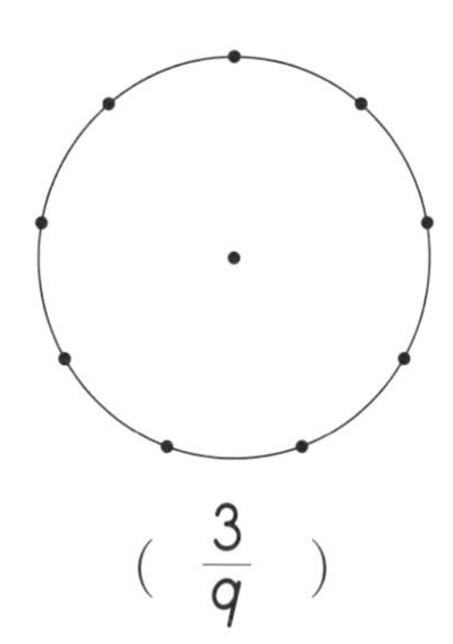

($\frac{3}{9}$)

11.

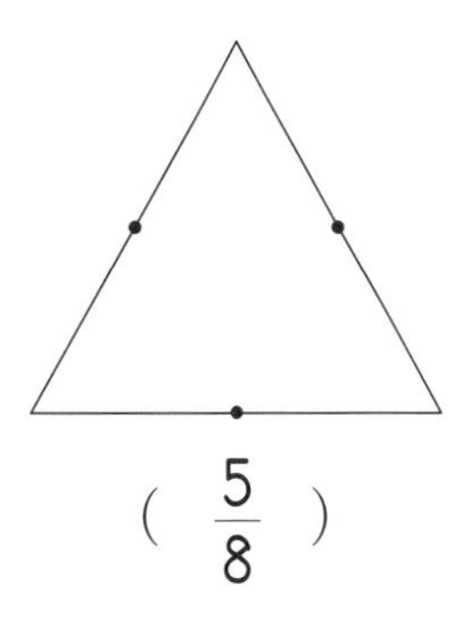

($\frac{5}{8}$)

12.

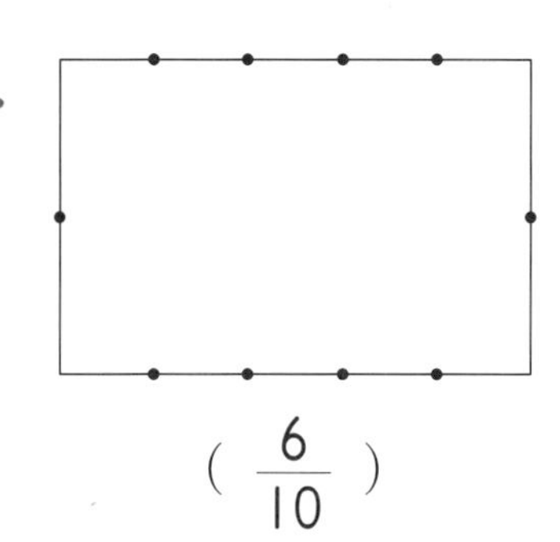

($\frac{6}{10}$)

전체에 대하여 색칠한 부분의 크기를 분수로 써 보시오.(1~6)

1.

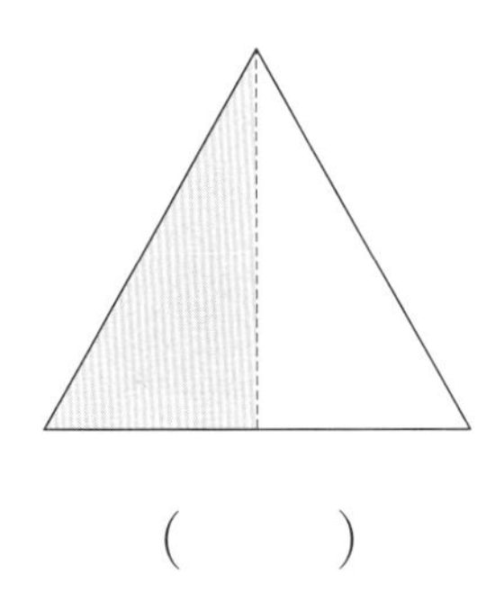

(　　　)

2.

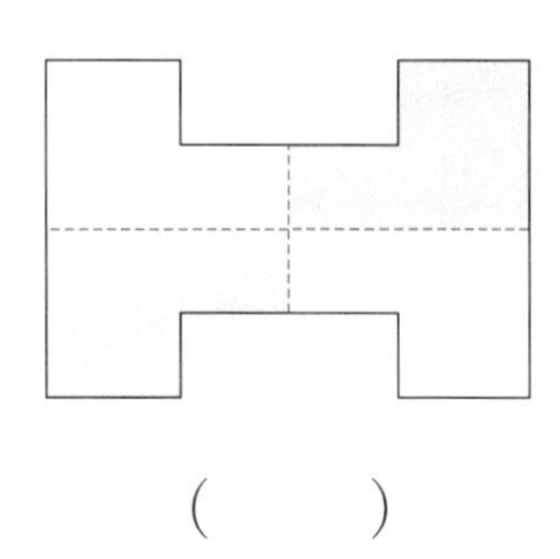

(　　　)

3.

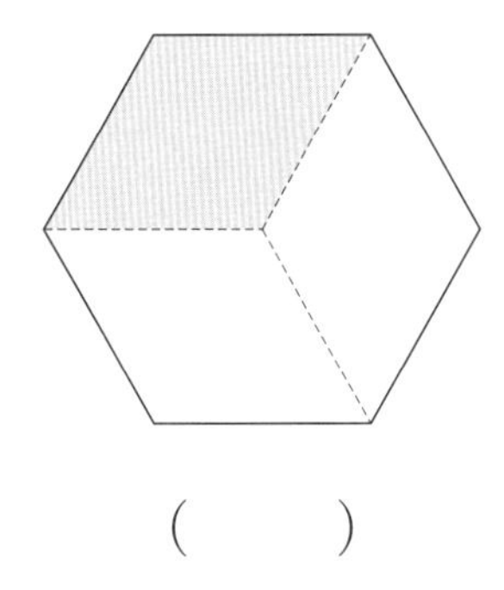

(　　　)

4.

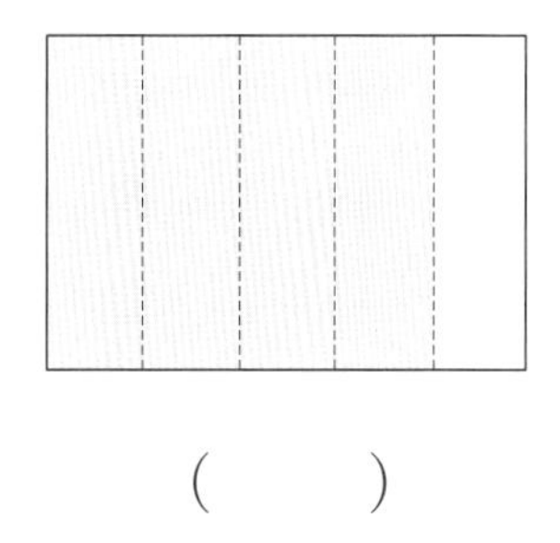

(　　　)

5.

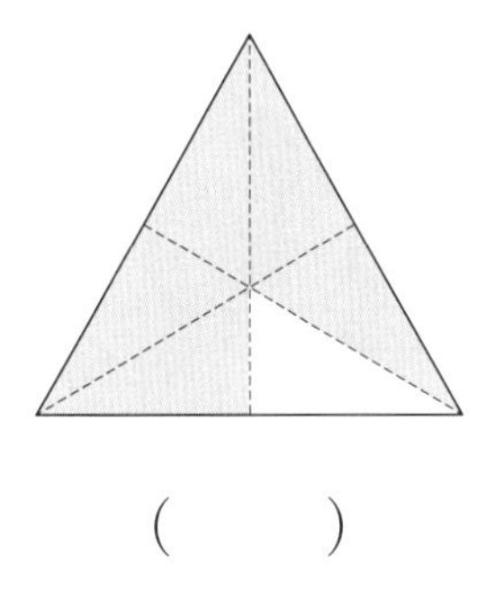

(　　　)

6.

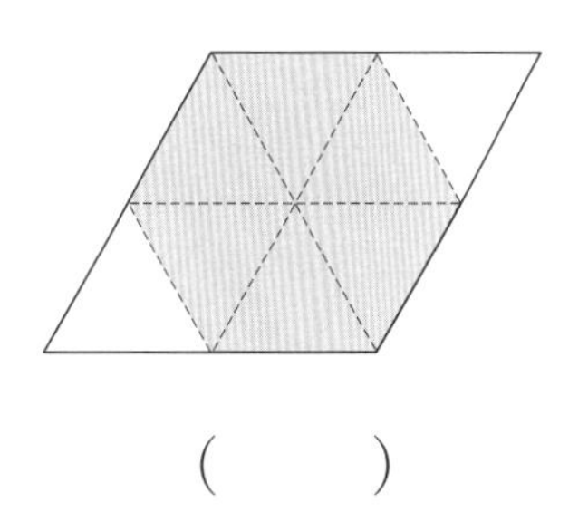

(　　　)

색칠한 부분이 나타내는 분수가 다른 것에 ○표 하시오.(7~9)

7.

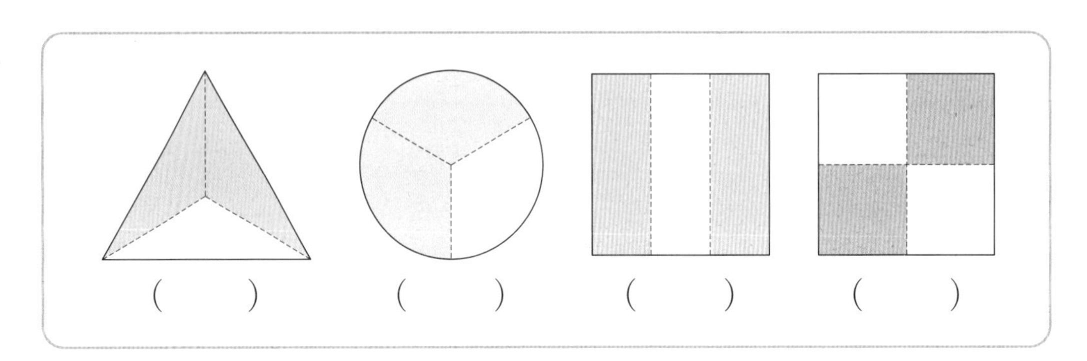

(　　) (　　) (　　) (　　)

8.

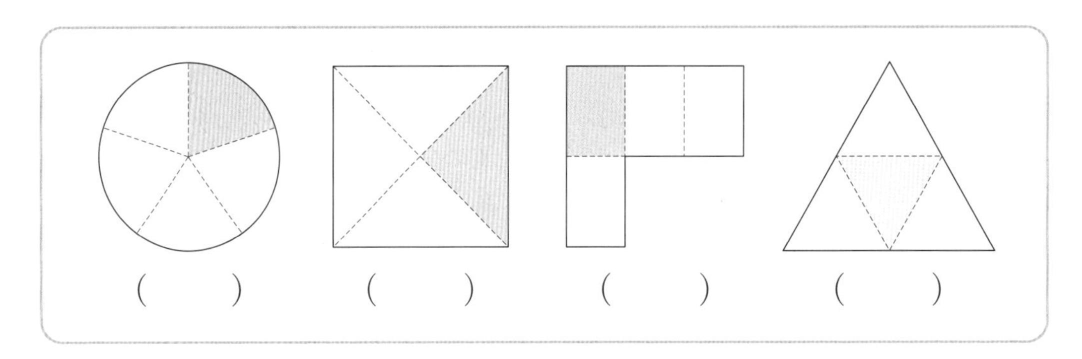

(　　) (　　) (　　) (　　)

9.

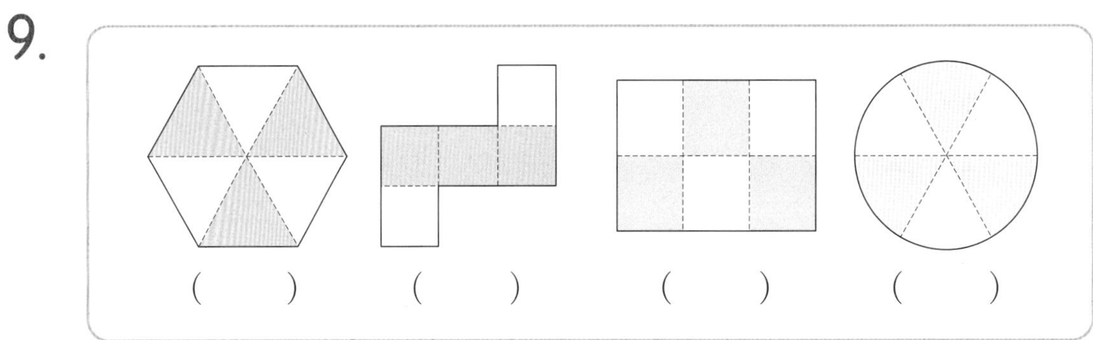

(　　) (　　) (　　) (　　)

이름 :

날짜 :

시간 : 시 분 ~ 시 분

확인

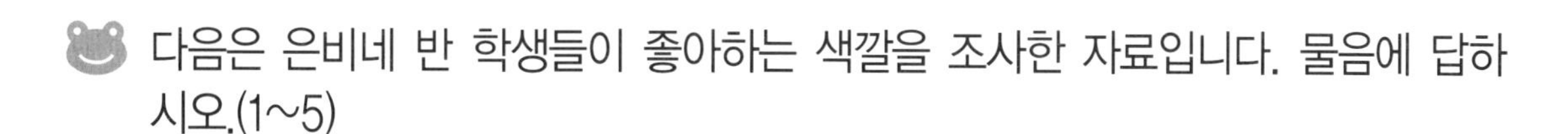

다음은 은비네 반 학생들이 좋아하는 색깔을 조사한 자료입니다. 물음에 답하시오.(1~5)

은비	진호	우영	인해	주철	근호	재모
초록색	노란색	파란색	빨간색	노란색	빨간색	초록색

진주	이슬	호영	영수	정원	영식	은애
파란색	초록색	초록색	파란색	노란색	빨간색	노란색

경식	주연	난희	주필	현승	화영	지혜
파란색	초록색	노란색	초록색	파란색	파란색	파란색

진영	영두	나리	초롱	다슬	신애	미숙
파란색	노란색	빨간색	초록색	빨간색	파란색	파란색

1. 좋아하는 색깔별로 학생 수를 세어 표로 나타내어 보시오.

[좋아하는 색깔별 학생 수]

색깔	초록색	노란색	파란색	빨간색	계
학생 수(명)					

2. 위의 조사 자료와 1번의 표 중 누가 어떤 색깔을 좋아하는지 알 수 있는 것은 어느 것입니까?

[답]

3. 1번의 표를 보고 좋아하는 색깔별 학생 수만큼 ○표를 하여 그래프로 나타내어 보시오.

[좋아하는 색깔별 학생 수]

12				
11				
10				
9				
8				
7				
6				
5				
4				
3				
2				
1				
학생 수 (명) / 색깔	초록색	노란색	파란색	빨간색

4. 가장 많은 학생들이 좋아하는 색깔부터 차례로 쓰시오.

[답]

5. 1번의 표와 3번의 그래프 중 학생 수의 많고 적음을 한눈에 알아보기에 편리한 것은 어느 것입니까?

[답]

이름 :
날짜 :
시간 : 시 분 ~ 시 분

확인

다음은 다롱이네 반 학생들이 좋아하는 음식을 조사한 표입니다. 물음에 답하시오.(1~4)

[좋아하는 음식별 학생 수]

음식	햄버거	샌드위치	피자	자장면	볶음밥	계
학생 수(명)	10	6	8	5	4	

1. 다롱이네 반 학생 수는 모두 몇 명입니까?

[답]

2. 자장면을 좋아하는 학생은 모두 몇 명입니까?

[답]

3. 가장 많은 학생이 좋아하는 음식은 무엇입니까?

[답]

4. 피자를 좋아하는 학생은 볶음밥을 좋아하는 학생보다 몇 명 더 많습니까?

[답]

다음은 단비네 반 학생들이 사는 마을을 조사한 표입니다. 물음에 답하시오. (5~6)

[마을별 학생 수]

마을	㉮ 마을	㉯ 마을	㉰ 마을	㉱ 마을	계
학생 수(명)	10	7		9	34

5. ㉮ 마을에 사는 학생 수와 ㉰ 마을에 사는 학생 수의 차는 몇 명입니까?

[답]

6. 위의 표를 보고 마을별 학생 수만큼 ○표를 하여 그래프로 나타내어 보시오.

[마을별 학생 수]

10				
9				
8				
7				
6				
5				
4				
3				
2				
1				
학생 수(명) / 마을	㉮ 마을	㉯ 마을	㉰ 마을	㉱ 마을

- 이름 :
- 날짜 :
- 시간 : 시 분 ~ 시 분

다음은 은지네 반 학생들이 태어난 달을 조사한 표입니다. 물음에 답하시오. (1~3)

[태어난 달별 학생 수]

태어난 달	1	2	3	4	5	6	7	8	9	10	11	12	계
학생 수(명)	2	5	8	2	3	1	2	3	2	6	3	3	40

1. 위의 표를 보고 태어난 달별 학생 수만큼 ○표를 하여 그래프로 나타내어 보시오.

[태어난 달별 학생 수]

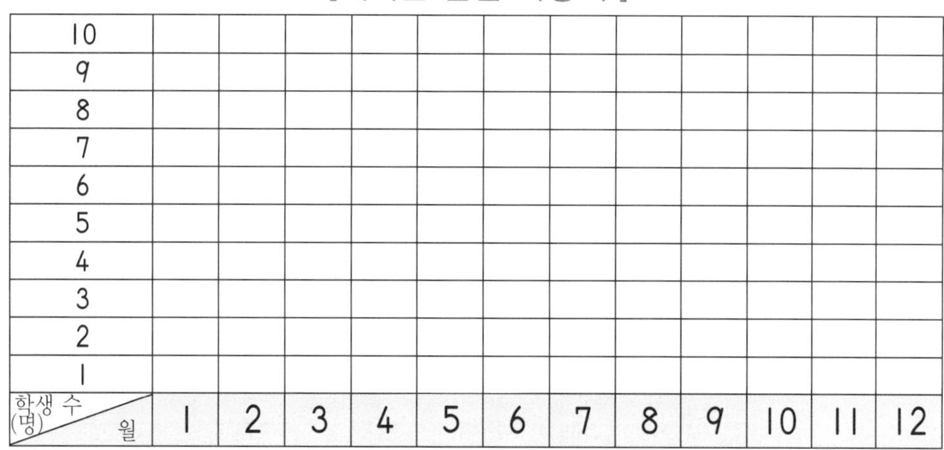

10												
9												
8												
7												
6												
5												
4												
3												
2												
1												
학생 수(명) / 월	1	2	3	4	5	6	7	8	9	10	11	12

2. 3월에 태어난 학생 수와 12월에 태어난 학생 수의 합은 몇 명입니까?

[답]

3. 학생이 가장 적게 태어난 달은 몇 월입니까?

[답]

다음은 정현이가 친구 2명과 함께 농구공으로 골 넣기 시합을 한 결과를 조사한 자료입니다. 물음에 답하시오.(4~6)

[농구공으로 골 넣기]

성공: ○, 실패: ×

이름 \ 횟수	1	2	3	4	5	6	7	8	9	10
정현	○	×	○	×	×	○	○	○	×	○
다빈	×	○	×	○	×	○	×	○	×	○
보람	○	○	○	○	×	×	○	○	○	○

4. 위의 표를 보고 성공한 횟수만큼 ○표를 하여 그래프를 완성하시오.

[학생별 성공 횟수]

성공 횟수 (회) \ 이름			

5. 성공한 횟수와 실패한 횟수가 같은 사람은 누구입니까?

[답]

6. 골을 가장 많이 넣은 사람은 누구입니까?

[답]

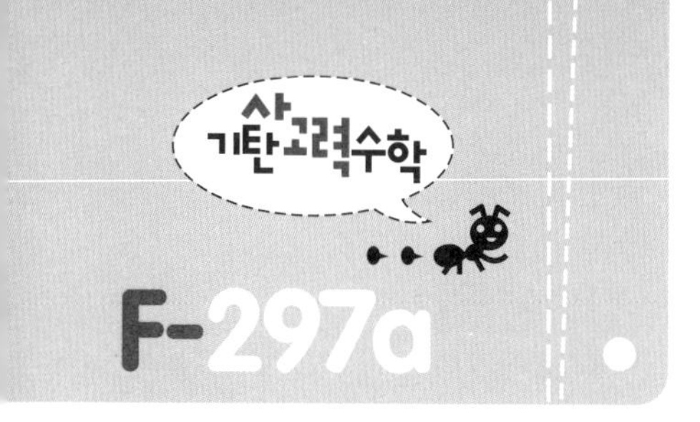

이름 :
날짜 :
시간 : 시 분 ~ 시 분

다음은 은지가 친구 2명과 함께 과녁 맞히기 놀이를 한 결과를 조사한 자료입니다. 물음에 답하시오.(1~4)

[과녁 맞히기 기록]

이름 \ 점수	0점	2점	4점	6점	8점	10점	계
은지	1	1	3	3	1	1	
연희	1	2	2	4	0	1	
누리	0	1	2	3	2	2	

1. 한 사람이 몇 번씩 던졌습니까?

[답]

2. 10점짜리에 가장 많이 맞힌 사람은 누구입니까?

[답]

3. 위의 자료를 보고 표로 나타내어 보시오.

[과녁 맞히기 점수]

이름	은지	연희	누리	계
점수(점)				

4. 세 사람의 점수의 합은 모두 몇 점입니까?

[답]

다음은 영지네 학교 2학년 전체 학생 수를 나타낸 표입니다. 물음에 답하시오.(5~8)

[2학년 반별 학생 수]

반 \ 남녀	남자(명)	여자(명)	계
1반		17	36
2반	18	17	
3반	19		37
4반		19	
계	76		

5. 위의 표를 완성하시오.

6. 영지네 학교 2학년 전체 학생 수는 모두 몇 명입니까?

[답]

7. 3반 여학생 수는 몇 명입니까?

[답]

8. 2학년 전체 남학생 수와 여학생 수의 차는 몇 명입니까?

[식] [답]

창의력 학습

다음 그림에서 성냥개비 3개를 떼어 버려서 삼각형이 3개가 되도록 해 보시오.

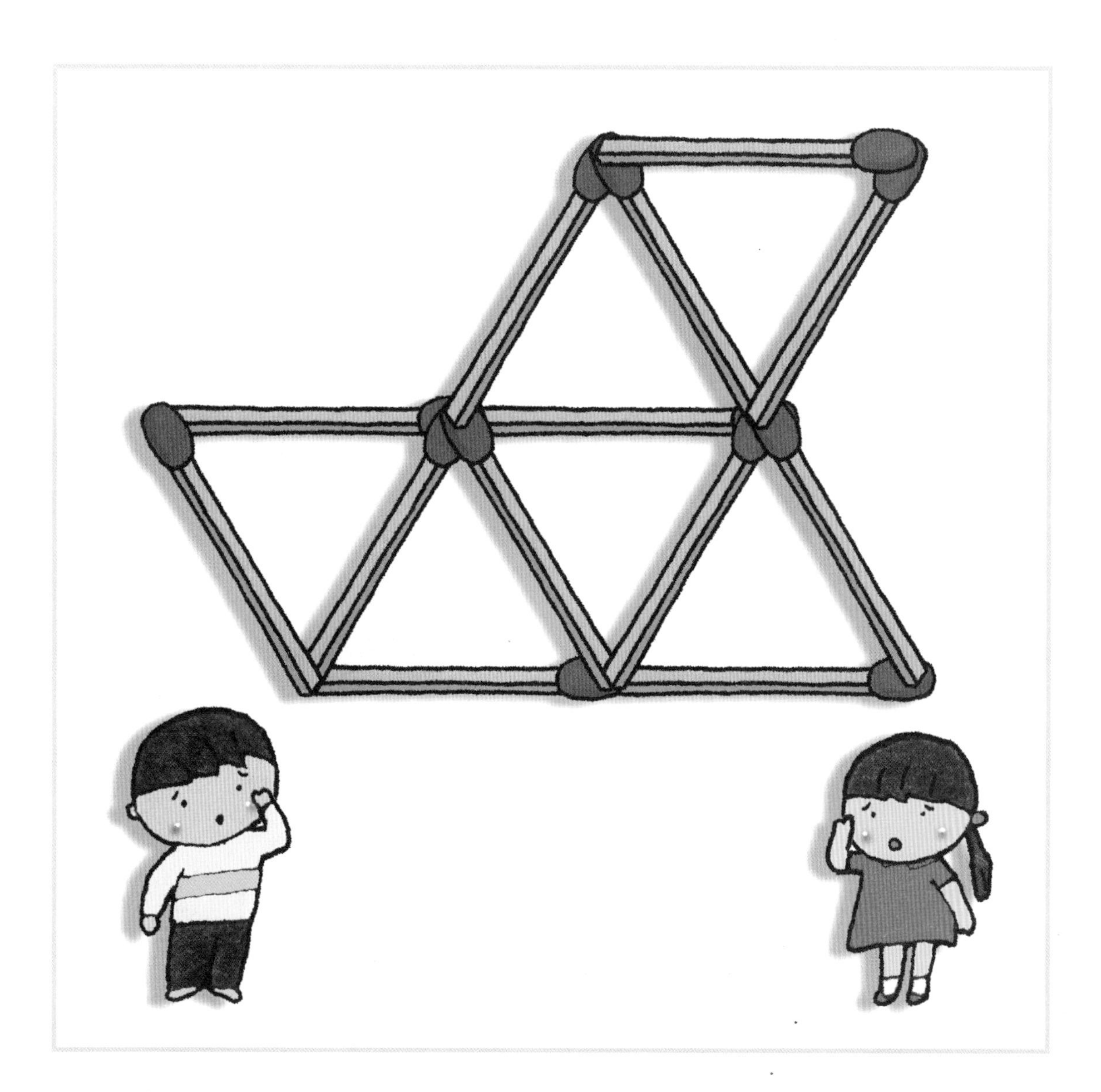

민희는 엄마와 함께 여러 가지 모양의 쿠키를 만들고 있습니다. 그러다가 쿠키를 가지고 뺄셈식을 만들어 보았습니다. 쿠키 대신 한 자리 숫자를 넣는다면 어떤 숫자가 알맞은지 생각해 보시오.(단, 같은 모양은 같은 한 자리 숫자를 나타냅니다.)

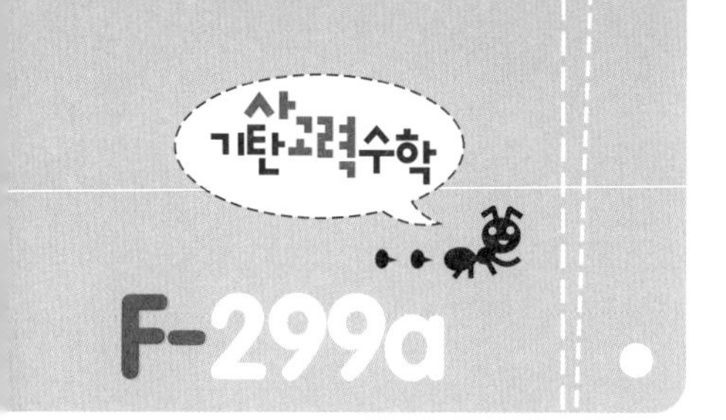

✿ 이름 :
✿ 날짜 :
✿ 시간 : 시 분 ~ 시 분

1. 수직선을 보고 ㉮와 ㉯에 알맞은 수를 각각 구하시오.

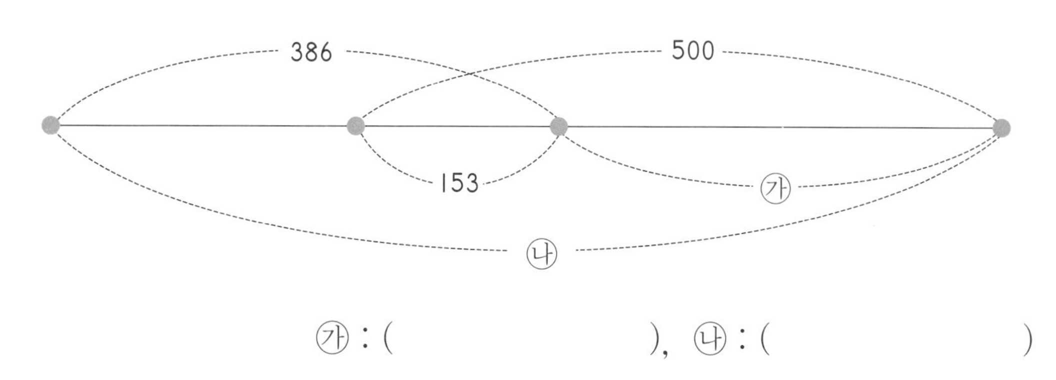

㉮ : (　　　　　　), ㉯ : (　　　　　　)

2. 100이 3, 10이 28, 1이 56인 수보다 158 작은 수를 구하시오.

[답]

3. 하나의 원 안에 있는 네 수의 합이 700이 되도록 ㉮, ㉯, ㉰에 알맞은 수를 각각 구하시오.

㉮ : (　　　　　　)

㉯ : (　　　　　　)

㉰ : (　　　　　　)

184
254
㉮
187
㉯
108
㉰

4. □ 안에 알맞은 수를 써넣으시오.

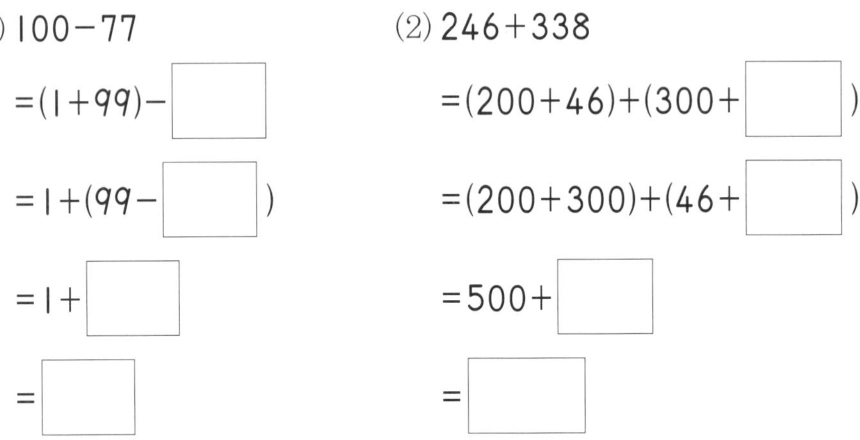

(1) $100-77$

$=(1+99)-\square$

$=1+(99-\square)$

$=1+\square$

$=\square$

(2) $246+338$

$=(200+46)+(300+\square)$

$=(200+300)+(46+\square)$

$=500+\square$

$=\square$

5. 0부터 9까지의 숫자 중에서 □ 안에 들어갈 수 있는 숫자를 모두 쓰시오.

$$938-56\square<373$$

[답]

6. 현아는 460원짜리 공책 1권과 250원짜리 연필 1자루를 사고 800원을 냈습니다. 거스름돈으로 얼마를 받아야 합니까?

[식]

[답]

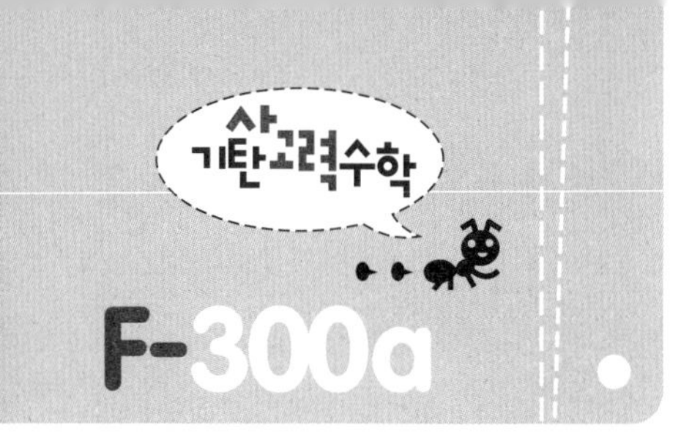

7. 도형에 선을 2개 더 그려서 $\frac{4}{8}$를 만들어 보시오.

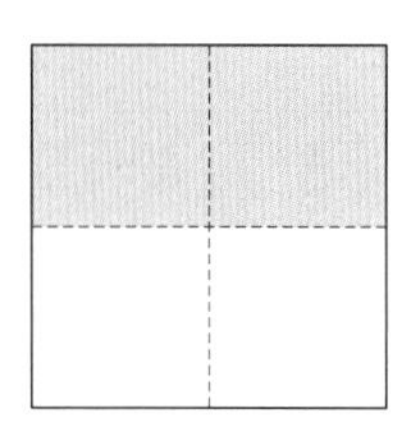

8. 선희는 길이가 5 m인 색 테이프의 $\frac{4}{5}$를 사용하였고, 세란이는 길이가 7 m인 색 테이프의 $\frac{3}{7}$을 사용하였습니다. 누가 사용한 색 테이프의 길이가 더 깁니까?

[답]

9. 하늘이와 보람이는 다음과 같이 똑같은 크기의 사각형을 다른 방법으로 나누어 색칠하였습니다. 두 사람이 색칠한 부분의 크기는 같습니까? 다릅니까?

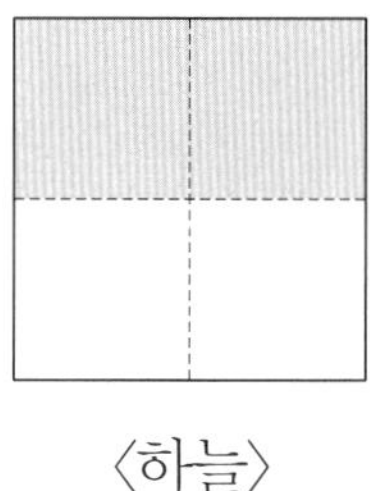
〈하늘〉

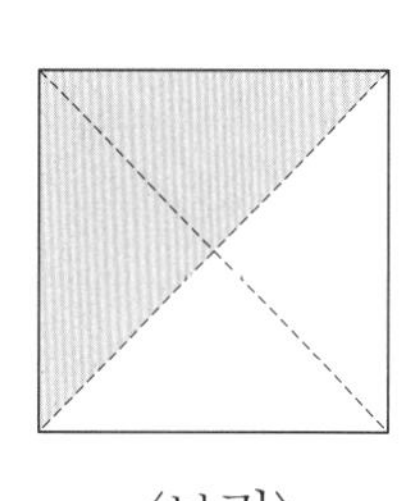
〈보람〉

[답]

공 던지기를 하여 공이 들어가면 ○표, 들어가지 않으면 ×표를 하여 나타낸 것입니다. 물음에 답하시오.(10~11)

이름 \ 횟수(회)	1	2	3	4	5	6	7	8	9	10
경미	○	×	○	○	○	×	○	×	○	○
성호	×	○	×	×	×	○	×	○	×	×
성희	○	○	×	○	○	×	○	○	×	×
병수	×	×	○	×	○	×	×	○	×	○

10. 공이 들어간 횟수를 세어 표로 나타내어 보시오.

[학생별 공이 들어간 횟수]

이름	경미	성호	성희	병수	계
성공 횟수(회)					

11. 공이 들어간 횟수만큼 ○표를 하여 그래프로 나타내어 보시오.

[학생별 공이 들어간 횟수]

10				
9				
8				
7				
6				
5				
4				
3				
2				
1				
성공 횟수(회) \ 이름	경미	성호	성희	병수

기탄사고력수학 **성취도 테스트**

F241a~F300b (제한 시간 : 40분)

이름

날짜

정답 수

- □ 20~18문항 : Ⓐ 아주 잘함 — 학습한 교재에 대한 성취도가 매우 높습니다. ➜ 다음 단계인 F⑥집으로 진행하십시오.
- □ 17~15문항 : Ⓑ 잘함 — 학습한 교재에 대한 성취도가 충분합니다. ➜ 다음 단계인 F⑥집으로 진행하십시오.
- □ 14~12문항 : Ⓒ 보통 — 다음 단계로 나가는 능력이 약간 부족합니다. ➜ F⑤집을 복습한 다음 F⑥집으로 진행하십시오.
- □ 11문항 이하 : Ⓓ 부족함 — 다음 단계로 나가기에는 능력이 아주 부족합니다. ➜ F⑤집을 처음부터 다시 학습하십시오.

1. □ 안에 알맞은 숫자를 써넣으시오.

(1)
```
   □□
  4 7 6
+   2 7
-------
  [   ]
```

(2)
```
  □□□
  7 2 5
-   9 8
-------
  [   ]
```

2. □ 안에 알맞은 숫자를 써넣으시오.

(1)
```
   4 □ 2
+ □ 7 □
--------
   7 1 7
```

(2)
```
   7 □ 4
- □ 7 □
--------
   2 3 8
```

3. 2부터 5까지의 숫자 카드가 한 장씩 있습니다. 세 장을 뽑아서 세 자리 수를 만들 때, 가장 큰 수와 가장 작은 수의 차를 구하시오.

[답]

4. 계산한 값이 300보다 큰 수에 모두 ○표 하시오.

127+156	385−79	228+73	503−297

5. 어떤 수에서 275를 빼야 할 것을 잘못하여 더하였더니 738이 되었습니다. 바르게 계산하면 얼마입니까?

[답]

6. □ 안에 알맞은 수를 써넣으시오.

(1) $312+279+113=\square$

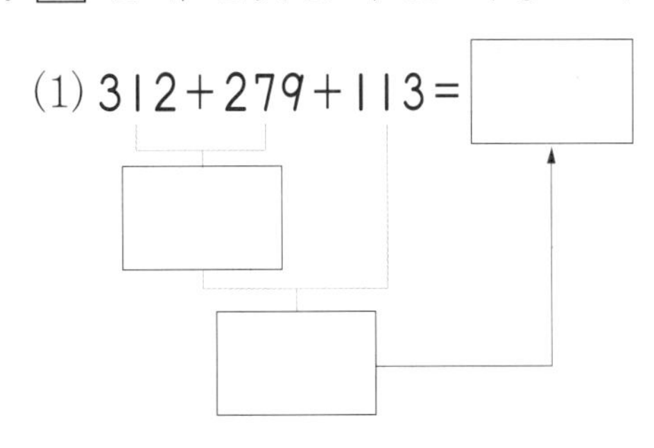

(2) $819-137-394=\square$

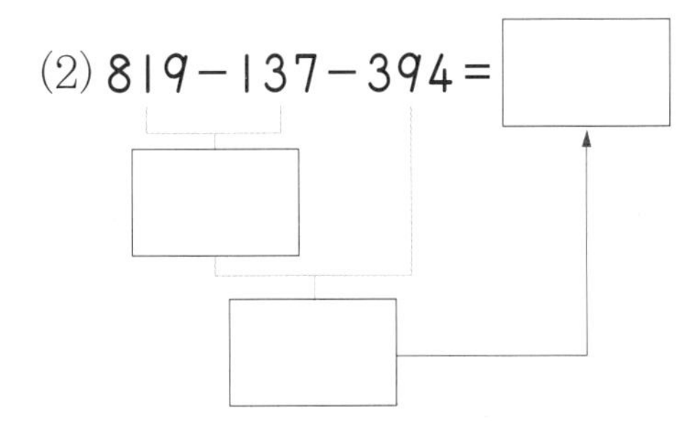

7. 원호가 돼지 저금통을 열어 보니 100원짜리가 4개, 50원짜리가 7개, 10원짜리가 17개 있었습니다. 모두 얼마입니까?

[답]

8. [보기]와 다른 방법으로 계산하여 보시오.

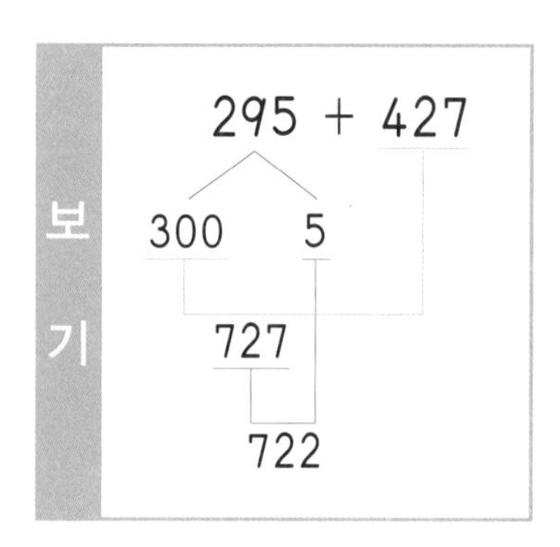

295 + 427

9. 집에서 학교까지의 거리는 169 m이고, 집에서 서점까지의 거리는 90 m입니다. 그리고 공원에서 학교까지의 거리는 114 m입니다. 공원에서 서점까지의 거리는 몇 m입니까?

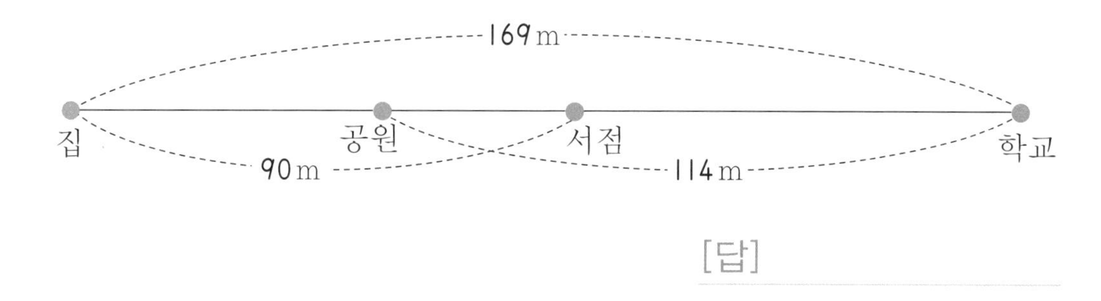

[답]

10. 다음이 나타내는 수보다 58 큰 수를 구하시오.

- 세 자리 수이고, 십의 자리 숫자는 4입니다.
- 백의 자리 숫자는 일의 자리 숫자의 3배입니다.
- 십의 자리 숫자는 백의 자리 숫자와 일의 자리 숫자의 차와 같습니다.

[답]

11. 똑같이 나누어진 도형을 찾아 ○표 하시오.

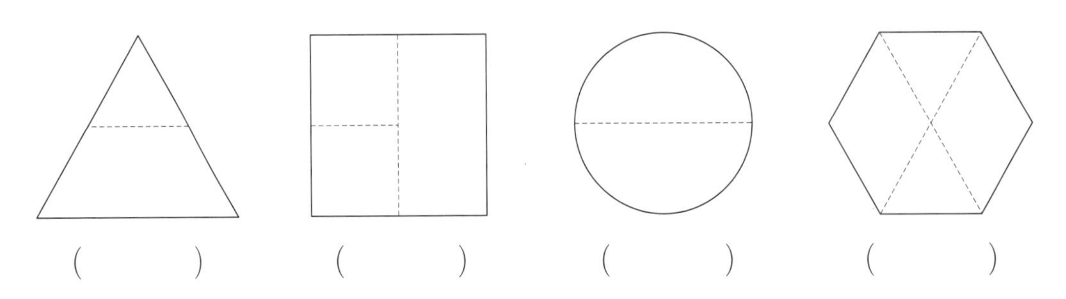

12. 똑같이 셋으로 나누어 보시오.

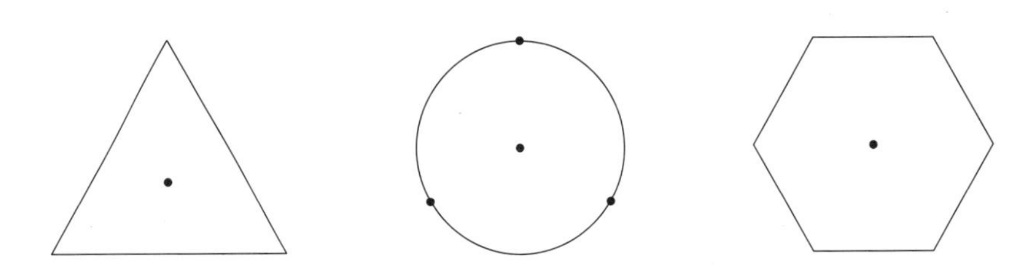

13. □ 안에 알맞게 써넣으시오.

부분 ▽ 은 전체 ⬡ 를 똑같이 □ 으로 나눈 것 중의 □

이므로 $\frac{\square}{\square}$ 이라 쓰고, □ 이라고 읽습니다.

14. 주어진 분수만큼 색칠하시오.

(1)

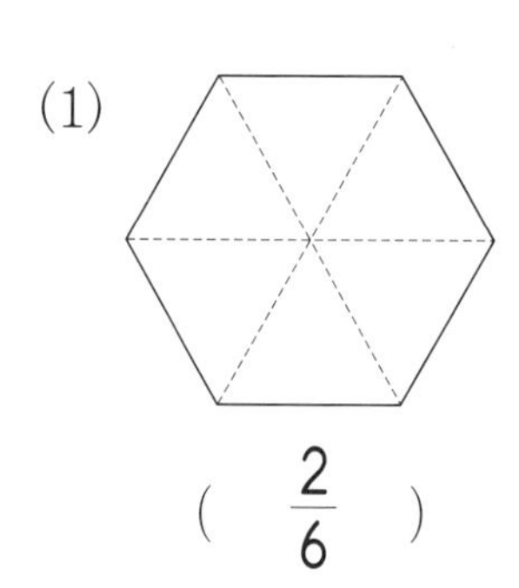

($\frac{2}{6}$)

(2)

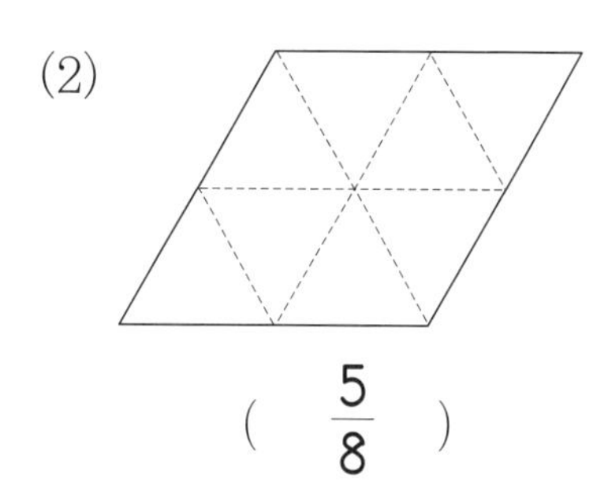

($\frac{5}{8}$)

15. 색칠한 부분을 분수로 쓰고, 읽어 보시오.

쓰기 (   )

읽기 (   )

16. 색칠한 부분이 $\frac{2}{3}$를 나타내는 것은 어느 것입니까?

① 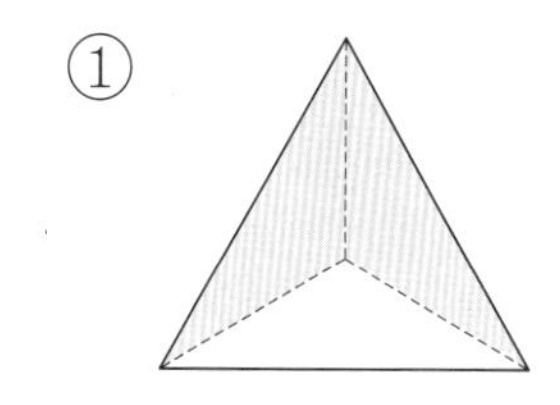 ② 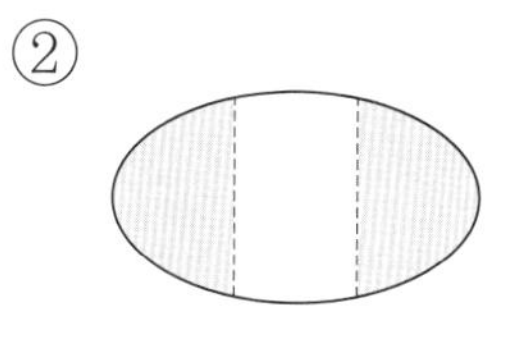 ③ 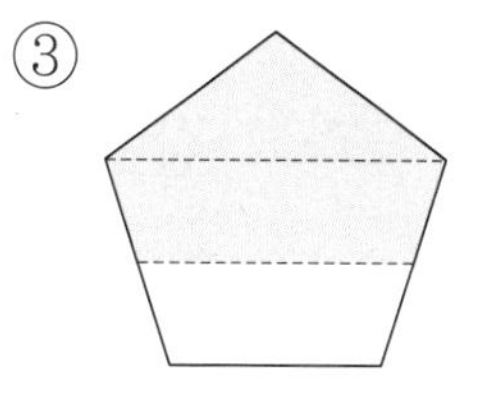 ④ 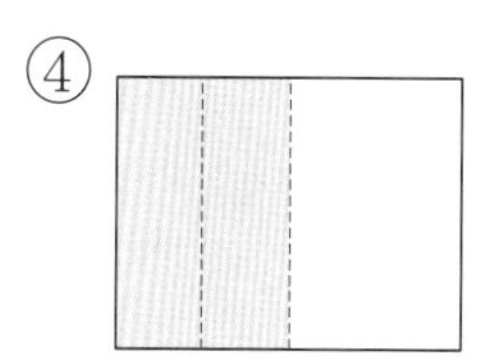

다음은 지난 달의 프로 야구 팀별 성적표입니다. 물음에 답하시오.(17~20)

[프로 야구 팀별 승리 횟수]

팀 이름	㉮	㉯	㉰	㉱	㉲	㉳	㉴	㉵
승리 횟수(회)	10	5	7	6	9	8	6	4

17. 팀별 승리 횟수만큼 ○표를 하여 그래프로 나타내어 보시오.

[프로 야구 팀별 승리 횟수]

10								
9								
8								
7								
6								
5								
4								
3								
2								
1								
승리 횟수(회) / 팀 이름	㉮	㉯	㉰	㉱	㉲	㉳	㉴	㉵

18. 가장 많이 승리한 팀은 어느 팀입니까?

[답]

19. 승리 횟수가 같은 팀은 어느 팀과 어느 팀입니까?

[답]

20. 가장 많이 승리한 팀과 가장 적게 승리한 팀의 차를 구하시오.

[답]

241a 1. (1, 5), (1, 95), (1, 895)
2. 7, (1, 17), (1, 517)

241b 3. 1, 577 4. 1, 629
5. 1, 796 6. 1, 538
7. 1, 480 8. 1, 814
9. 1, 892 10. 1, 447

242a 1. (1, 5), (1, 1, 15), (1, 1, 515)
2. (1, 3), (1, 1, 33), (1, 1, 933)

242b 3. 1, 1, 230 4. 1, 1, 484
5. 1, 1, 562 6. 1, 1, 313
7. 1, 1, 656 8. 1, 1, 921
9. 1, 1, 471 10. 1, 1, 800

243a 1. 482 2. 546 3. 261
4. 402 5. 753 6. 675
7. 852 8. 980

243b 9. 675 10. 907 11. 332
12. 515 13. 860 14. 473
15. 828 16. 310 17. 700
18. 547

244a 1. (1) 821, ① 5, ② 500, ③ 821
(2) 821, ① 490, ② 5, ③ 821
2. 498 + 302

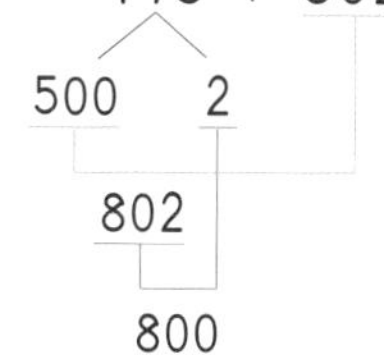

244b 3. [식] 180+54=234 [답] 234개
4. [식] 75+125=200 [답] 200장
5. [식] 129+118=247 [답] 247명
6. [식] 187+148=335 [답] 335개

245a 1. (6, 10, 5), (6, 10, 35), (6, 10, 335)
2. 3, (4, 10, 73), (4, 10, 273)

245b 3. 3, 10, 714 4. 5, 10, 531
5. 7, 10, 538 6. 8, 10, 885
7. 5, 10, 109 8. 5, 10, 265
9. 4, 10, 319 10. 6, 10, 474

246a 1. (5, 10, 2), (3, 15, 10, 92), (3, 15, 10, 392)
2. (2, 10, 6), (4, 12, 10, 56), (4, 12, 10, 256)

246b 3. 3, 10, 10, 339
4. 7, 14, 10, 757
5. 6, 13, 10, 661
6. 8, 11, 10, 842
7. 6, 15, 10, 587
8. 5, 11, 10, 235
9. 4, 12, 10, 346
10. 7, 16, 10, 198

247a 1. 937 2. 674 3. 387
4. 194 5. 209 6. 593
7. 167 8. 338

247b 9. 805 10. 152 11. 436
12. 287 13. 525 14. 452
15. 352 16. 181 17. 146
18. 489

248a 1. (1) 327, ① 3, ② 300, ③ 327
(2) 327, ① 3, ② 3, ③ 327
2. 609 − 295

600 9 300 5
300 14
314

248b
3. [식] 273−18=255 [답] 255개
4. [식] 207−29=178 [답] 178명
5. [식] 246−164=82 [답] 82쪽
6. [식] 210−145=65
   [답] 미진, 65장

249a
1. 551, (383, 383, 551)
2. 385, (438, 438, 385)

249b
3. 677, (745, 745, 677)
4. 792, (654, 654, 792)

250a
1. 521, 615, 615
2. 642, 285, 285
3. 754, 565, 565
4. 666, 74, 74
5. 695, 714, 714
6. 292, 420, 420

250b
7. [식] 106+58+136=300
   [답] 300개
8. [식] 300−109−144=47
   [답] 47개
9. [식] 185+172−94=263
   [답] 263개
10. [식] 457−239+94=312
   [답] 312권

251a
1. 60, 320 2. 740, 650
3.
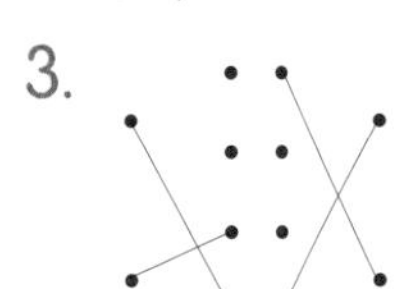

풀이 63+451 ➡ 60+450=510
194+308 ➡ 190+310=500
602−91 ➡ 600−90=510
611−129 ➡ 610−130=480

251b
4. (1) 329, 394, 512
   (2) 107, 233, 492
5. ㉠, ㉣, ㉢, ㉡
풀이 ㉠ 541, ㉡ 514, ㉢ 515, ㉣ 540
6. (500, 131, 631), 631

252a
1. (450, 378), 378
2. (647, 272, 272),
   (647, 647, 272)
3. (1) 293, 144 (2) 146, 624

252b
4. 503개 5. 424개
6. 182걸음 7. 813

253a

999
풀이 백의 자리 숫자가 8인 가장 큰 세 자리 수는 899이므로 899보다 100 큰 수는 999입니다.

253b

563, 635, 653
풀이 356, 365, 536, 563, 635, 653 중에서 536보다 큰 수는 563, 635, 653입니다.

254a

1. (1) = (2) > (3) <
2. (1)
```
    7 8 [8]
+   1 [3] 5
-----------
  [9] 2 3
```
(2)
```
    8 0 [6]
-   3 [9] 7
-----------
  [4] 0 9
```
3. (1) 141 (2) 269
   (3) 135 (4) 600

254b

4. (1) 5, 3, 5, 3, 640, 2, 642
   (2) 2, 500, 145
풀이 (1) 255=250+5, 387=390−3으로 생각하여 계산합니다.
(2) 643에 2를 더하여 645로, 498에 2를 더하여 500으로 생각하여 뺍니다.

5. 554

풀이 ㉮=498−249=249
㉯=341−㉮=341−249=92
㉮−㉯=249−92=157
➡ 157+397=554

255a 경시 대회 예상 문제

6. (1) 예 $\begin{array}{r} 264 \\ +379 \\ \hline 643 \end{array}$, $\begin{array}{r} 279 \\ +364 \\ \hline 643 \end{array}$

(2) $\begin{array}{r} 874 \\ -296 \\ \hline 578 \end{array}$, $\begin{array}{r} 847 \\ -269 \\ \hline 578 \end{array}$

7. (1) 0, 1, 2, 3, 4
(2) 0, 1, 2, 3, 4, 5, 6, 7

풀이 (1) 458+22□=683, □=5이므로 458+22□<683에서 □ 안에 들어갈 수 있는 숫자는 5보다 작은 숫자입니다.
(2) 275=958−6□3, □=8이므로 275<958−6□3에서 □ 안에 들어갈 수 있는 숫자는 8보다 작은 숫자입니다.

8. (1) 485, 189 (2) 185, 106

255b 경시 대회 예상 문제

9. 225

풀이 530−305=225

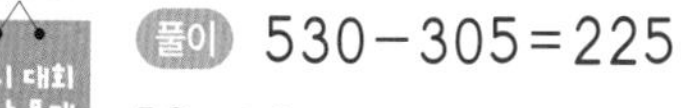

10. 923

풀이 536+387=923

11. 723

풀이 415−197=218
➡ 505+218=723

12. 121

풀이 □+296=713, □=417
바른 계산 : 417−296=121

256a 1. ㉮, ㉱ 2. ㉮, ㉰

256b 3. ㉳ 4. ㉮
5. ㉯, ㉲ 6. ㉰, ㉱

257a 1. 예
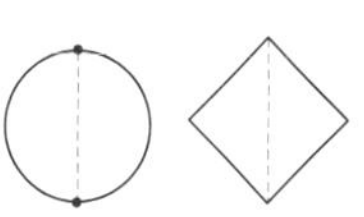

2. 예

3. 예
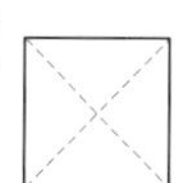
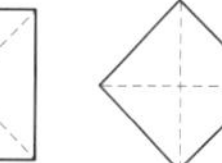

257b 4. 예 5. 예
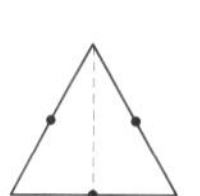

6. 예
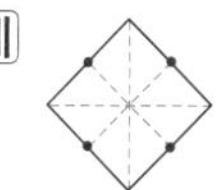

7. 예
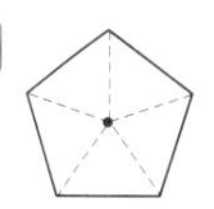

8. 예
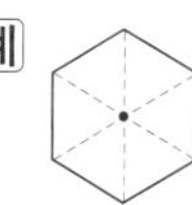

9. 예
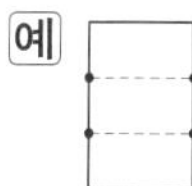

258a 1. 3, 1 2. 4, 3

258b 3. 2, 1 4. 4, 3
5. 3, 2 6. 5, 4

259a 1. (1) 4 (2) 4, 2
2. (1) 3 (2) 3, 1
3. (1) 5 (2) 5, 3

259b 4. 예 5. 예
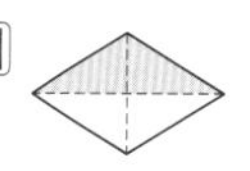

6. 예
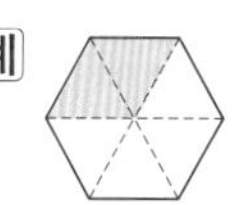

7. 예
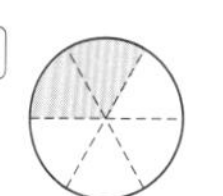

8. 예
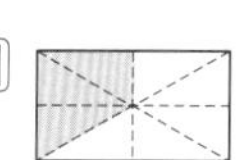

9. 예
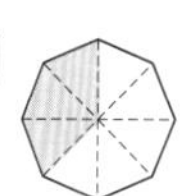

260a 1. 1, $\frac{1}{3}$, 3, 1
2. 4, $\frac{2}{4}$, 4, 2

260b

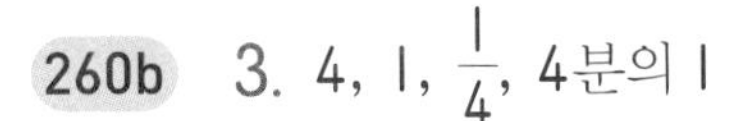

3. 4, 1, $\frac{1}{4}$, 4분의 1
4. 5, 3, $\frac{3}{5}$, 5분의 3
5. 8, 4, $\frac{4}{8}$, 8분의 4

261a 1. 1, 1 2. 4, 4 3. $\frac{2}{3}$, 3, 2 4. $\frac{5}{6}$, 6, 5

261b 5. 4분의 3 6. 5분의 2 7. 7분의 5 8. 9분의 4 9. 10분의 8 10. 15분의 6
11. $\frac{1}{3}$ 12. $\frac{3}{5}$ 13. $\frac{2}{6}$
14. $\frac{7}{8}$ 15. $\frac{5}{11}$ 16. $\frac{9}{20}$

262a 1. (1) 4 (2) 4, 3 (3) 예

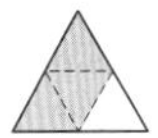

2. 3, 2, 경민

262b 3. 예

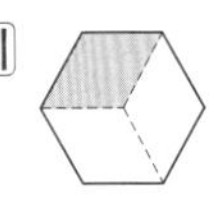

4. 예

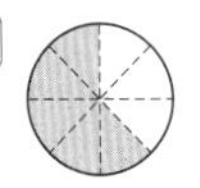

5. 예

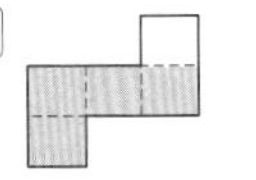

6. 예

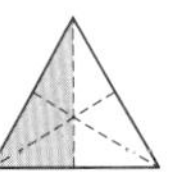

7. 예

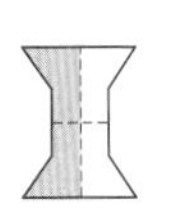

8. 예

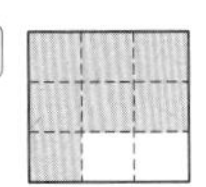

263a 1. 예 2. 예 3. 예

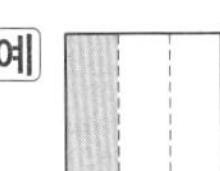

4. 예

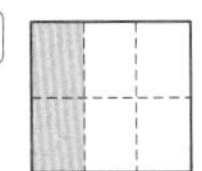

5. 예

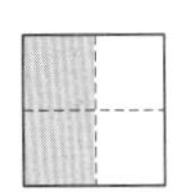

6. 예

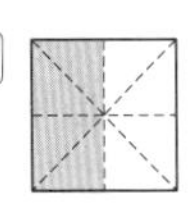

263b 7. 예

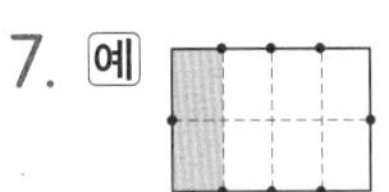

8. 예

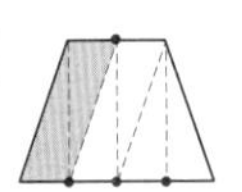

9. 예

10. 예

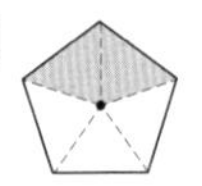

11. 예

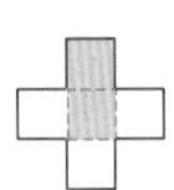

12. 예

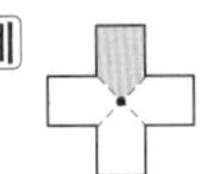

264a 1. 6, 3, $\frac{3}{6}$
2. 6, 2, $\frac{2}{6}$
3. 4, 2, $\frac{2}{4}$

264b 4. $\frac{1}{2}$ 5. $\frac{3}{4}$ 6. $\frac{2}{3}$
7. $\frac{4}{5}$ 8. $\frac{3}{6}$ 9. $\frac{5}{8}$

265a 1. $\frac{2}{3}$ 2. $\frac{3}{4}$ 3. $\frac{4}{7}$
4. $\frac{7}{10}$ 5. $\frac{5}{14}$ 6. $\frac{10}{20}$

265b 7. ( )( )( )(○)
8. ( )( )(○)( )
9. ( )(○)( )( )
10. (○)( )( )( )

266a 1. ( )(○)( )(○)
2. 예

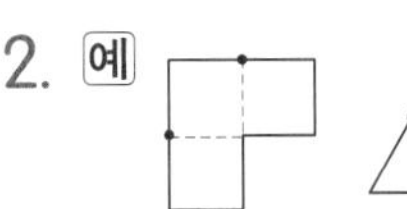

3. 예

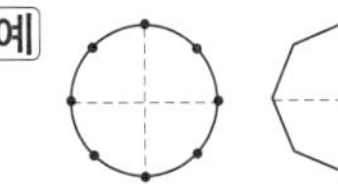

266b 4. 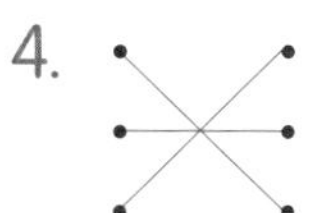

풀이 부분과 전체의 모양을 비교하여 똑같이 6으로 나눈 것 중의 2를 나타내는 각 부분의 모양을 찾습니다.

5. 6, 3, $\frac{3}{6}$, 6분의 3

267a 1. 예 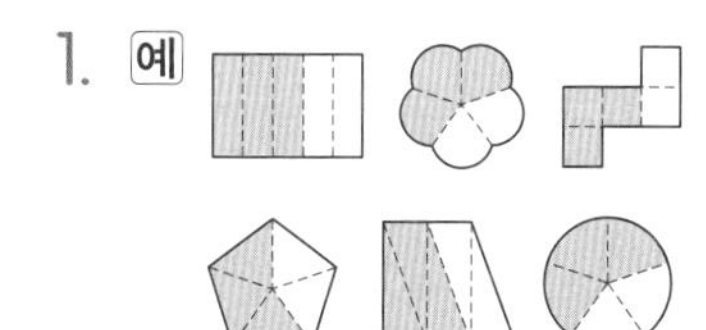

2. 예 (1) (2) 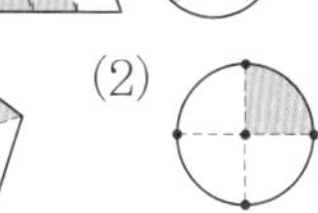
(3) 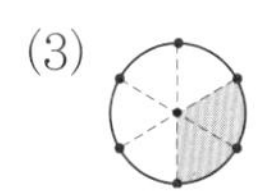 (4) 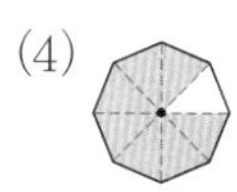

267b 3. $\frac{1}{2}$, 2분의 1

4. $\frac{5}{6}$, 6분의 5

5. $\frac{7}{8}$, 8분의 7

6. $\frac{3}{5}$, 5분의 3

268a

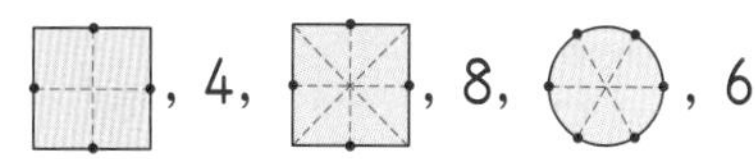
, 4, , 8, , 6

268b
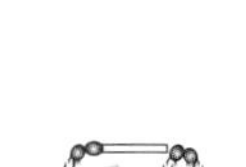
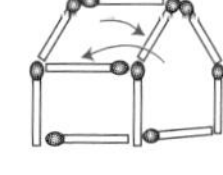

269a

1. 예 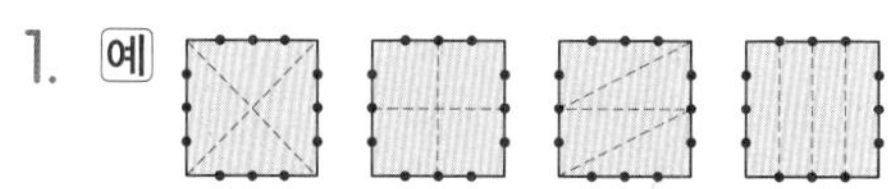

풀이 똑같이 넷으로 나누는 방법은 여러 가지입니다.

2. (1) $\frac{1}{8}$, 8분의 1

(2) $\frac{2}{16}$, 16분의 2

풀이 전체를 색칠한 부분과 똑같은 모양과 크기로 나누어 보면 8개와 16개임을 알 수 있습니다.

3. 예 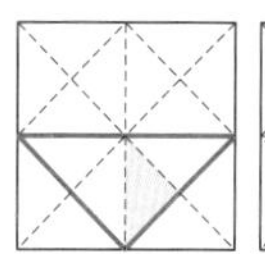 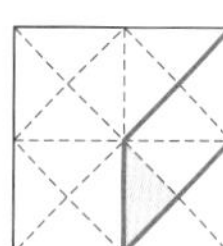

269b 경시 대회 예상 문제

4. 예 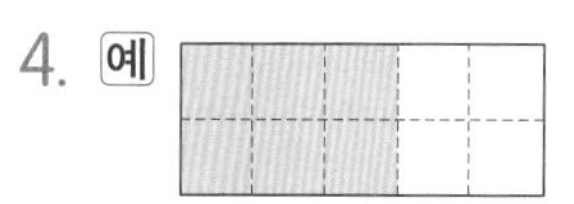

5. 예 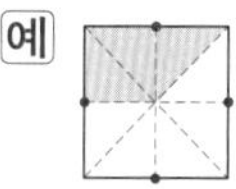

6. (1) $\frac{1}{8}$ (2) $\frac{1}{6}$

풀이 전체를 색칠한 부분과 똑같은 모양과 크기로 나누어 봅니다.

7. $\frac{6}{11}$, $\frac{8}{15}$

270a

8. (1) $\frac{1}{8}$ (2) $\frac{1}{8}$ (3) $\frac{6}{8}$

9. 예 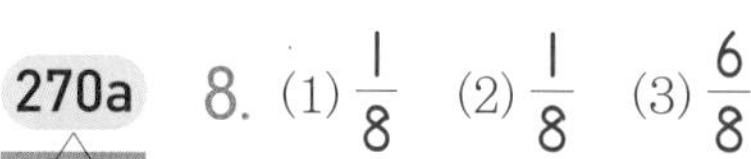 $\frac{1}{2}$ 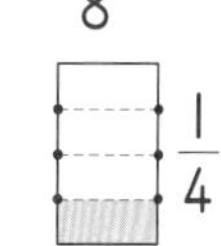 $\frac{1}{4}$

270b

10. $\frac{5}{6}$

풀이 전체 6조각 중에서 $2+3=5$(조각)을 먹었으므로 $\frac{5}{6}$입니다.

11. $\frac{3}{8}$

풀이 전체 8조각 중에서 남아 있는 조각은 $8-2-3=3$(조각)이므로, 남은 피자는 전체의 $\frac{3}{8}$입니다.

12. $\frac{3}{10}$

풀이 도화지 전체를 똑같이 10으로 잘라 7을 사용했으므로 남은 도화지는 전체를 똑같이 10으로 나눈 것 중 3으로 $\frac{3}{10}$입니다.

13. 2 m

풀이

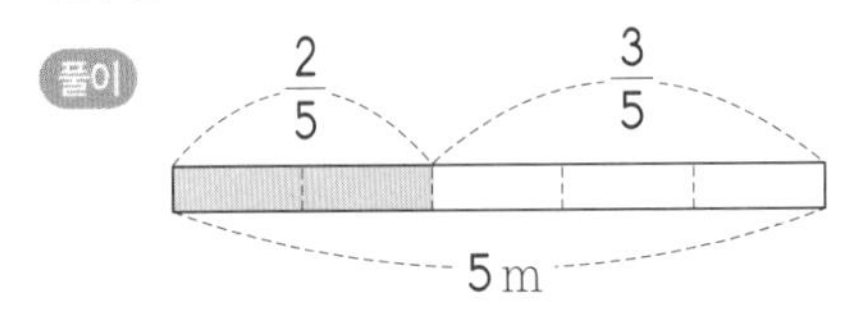

271a 1. 7명
2. 사과, 귤, 배, 복숭아
3. 이슬 4. 소연, 은비, 한별
5. 두리

271b 6. 10명
7. 백합, 장미, 튤립, 국화
8. 3명 9. 국화 10. 4명

272a 1. 배 2. 5, 2, 2, 3, 12
3. 사과

272b 4. 1, 3, 3, 3, 10 5. 10명
6. 예

273a 1. 10문제 2. 3명
3. 1번, 3번, 5번, 8번 4. 예

273b 5.

이름	다솔	보라	한샘	계
정답 수(문제)	6	7	9	22
오답 수(문제)	4	3	1	8

6. 한샘 7. 다솔
8. 22문제 9. 예

274a 1. 흐림(☁) 2. 3번
3. 3일 4. 예

274b 5. 13, 11, 3, 3, 30
6. 30일 7. 11일 8. 맑은 날
9. 0일 10. 예

275a 1. 연수, 연실, 정희, 재희
2. 3월 3. 보라, 정원, 이슬
4. 예 학생 각각의 생일이 몇 월인지 알 수 있습니다.

275b 5. 2, 2, 6, 4, 4, 3, 3, 2, 2, 4, 1, 3, 36
6. 36명 7. 4명 8. 3월 9. 5명
10. 예 달별로 태어난 학생 수를 알아보기에 편리합니다.

276a 1. 4가지
2.

장난감 \ 개수(개)	1	2	3	4	5	6	7	8	9	10
자동차	○	○	○	○	○	○	○			
인형	○	○	○	○	○	○	○	○	○	
블록	○	○	○							
비행기	○	○	○	○						

풀이 그래프를 그리는 방법
① 그래프의 가로와 세로에 무엇을 나타낼 것인지 정합니다.
② ○표는 왼쪽에서 오른쪽으로 한 칸에 하나씩 차례로 그립니다.
3. 인형

276b 4. 29개
5.

물건 \ 개수(개)	1	2	3	4	5	6	7	8	9	10
책	○	○	○							
공책	○	○	○	○	○					
연필	○	○	○	○	○	○	○	○	○	
색연필	○	○	○	○	○	○				
지우개	○	○								
참고서	○	○	○	○						

6. 연필

277a 1. 2, 1, 3, 1, 7
2.

4				
3			○	
2	○		○	
1	○	○	○	○
학생 수(명) / 과일	귤	배	사과	복숭아

3. 사과

277b 4. 1, 4, 3, 2, 10

5.

4		○		
3		○	○	
2		○	○	○
1	○	○	○	○
학생 수(명) / 운동	배구	축구	수영	야구

6. 예

278a 1. 6, 5, 3, 14

2.

6	○		
5	○	○	
4	○	○	
3	○	○	○
2	○	○	○
1	○	○	○
날수(일) / 날씨	맑은 날	흐린 날	비 온 날

278b 3. 14일　4. 6일　5. 5일

6. 맑은 날　7. 11일　8. 3일

279a 1. 30명

풀이 $5+6+8+4+7=30$(명)

2.

8			○		
7			○		○
6		○	○		○
5	○	○	○		○
4	○	○	○	○	○
3	○	○	○	○	○
2	○	○	○	○	○
1	○	○	○	○	○
학생 수(명) / 과목	국어	수학	바른 생활	슬기로운 생활	즐거운 생활

279b 3. 바른 생활　4. 슬기로운 생활

5. 바른 생활, 즐거운 생활, 수학, 국어, 슬기로운 생활

6. 1명　7. ②

280a 1. ㉯ 5, 3, 4, 2, 14

㉰

5	○			
4	○		○	
3	○	○	○	
2	○	○	○	○
1	○	○	○	○
학생 수(명) / 동물	강아지	고양이	토끼	다람쥐

280b 2. ㉮

풀이 조사한 자료를 보고 알 수 있는 점
누가 어떤 동물을 좋아하는지 알 수 있습니다.

3. ㉯

풀이 표의 편리한 점

- 동물별로 좋아하는 학생 수를 알아보기 쉽습니다.
- 전체 학생 수를 알아보기 쉽습니다.

4. ㉯

5. ㉰

풀이 그래프의 편리한 점

- 학생 수의 많고 적음을 한눈에 알아볼 수 있습니다.
- 조사한 내용을 한눈에 알아보기에 편리합니다.

6. ㉰

281a 1. 6, 5, 4, 9, 24

2.

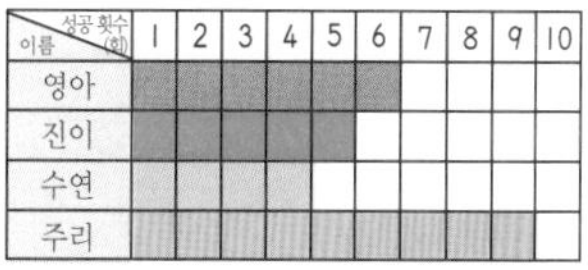

이름 / 성공 횟수(회)	1	2	3	4	5	6	7	8	9	10
영아	■	■	■	■	■	■				
진이	■	■	■	■	■					
수연	■	■	■	■						
주리	■	■	■	■	■	■	■	■	■	

281b 3. ①　4. ②　5. ③　6. ③

282a 1. ㅈ　2. ㄱ　3. ㅍ　4. ㄱ

282b 5. ③, ④, ②, ①, ⑤, ⑥

283a 창의력 학습

경태, 성은, 동훈, 희진, 현철

283b 창의력 학습

8명

284a 경시 대회 예상 문제

1. (1) 6명　(2) 10회　(3) 37회

(4) [식] $37-23=14$　[답] 14회

(5) ①

284b 경시 대회 예상 문제

2. (1)

과일 \ 남녀	남자	여자	계
사과	㉮ 9	6	15
배	5	4	9
귤	6	8	㉯ 14
합계	㉰ 20	18	㉱ 38

(2) 사과 (3) 귤 (4) 81

(5) 예 보람이네 반 남학생과 여학생들이 가장 많이 좋아하는 과일과 가장 적게 좋아하는 과일을 쉽게 알 수 있습니다.

285a 경시 대회 예상 문제

3. 예

장래 희망	연예인	선생님	과학자	의사	계
학생 수(명)	6	3	2	5	16

7				
6	○			
5	○			○
4	○			○
3	○	○		○
2	○	○	○	○
1	○	○	○	○
학생 수(명) / 장래 희망	연예인	선생님	과학자	의사

285b 경시 대회 예상 문제

4. (1)

6												△
5						△	○					△
4	○			△	○	△	○		○	△	○	△
3	○			△	○	△	○		○	△	○	△
2	○		○	△	○	△	○	△	○	△	○	△
1	○	△	○	△	○	△	○	△	○	△	○	△
학생 수(명)	남	여	남	여	남	여	남	여	남	여	남	여
학년	1		2		3		4		5		6	

(2) 6학년 (3) 1학년, 4학년

286a 1. 484 2. 710 3. 734 4. 818 5. 610 6. 800 7. 956 8. 784

286b 9. 657 10. 644 11. 804 12. 753 13. 480 14. 539 15. 402 16. 600 17. 578 18. 505

287a 1. 323 2. 378 3. 353 4. 371 5. 639 6. 412 7. 605 8. 499

287b 9. 525 10. 356 11. 847 12. 383 13. 402 14. 247 15. 643 16. 629 17. 254 18. 265

288a 1. (1) 600 (2) 416

2. (5, 625, 620), (610, 10, 620)

3. (2, 443, 445), (3, 2, 440, 5, 445)

288b 4. 830 5. 327 6. 270 7. 701 8. 656 9. 416

289a 1. (1) > (2) <

2. 358

풀이 가장 큰 수 : 764
가장 작은 수 : 406
➡ 차 : $764-406=358$

3. (1) 73 (2) 684

풀이 (2) $416+396-128=684$

289b 4. [식] $587+243=830$ [답] 830명

5. [식] $444-166=278$
[답] 278걸음

6. [식] $307+208+185=700$
[답] 700개

7. [식] $232-186+173=219$
[답] 219권

290a 1. (○) ( ) ( ) (○)

2. ( ) (○) ( ) (○)

3. ( ) (○) (○) ( )

290b 4. 예

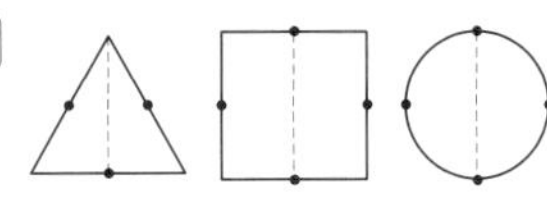

5. 예

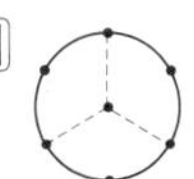

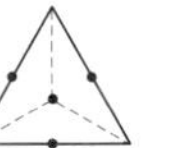

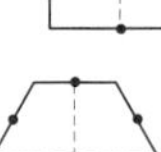

6. 예

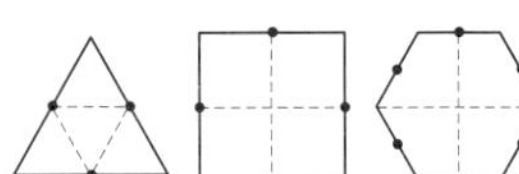

291a 1. 3, 1　2. 4, 3　3. 5, 2

291b 4. 6, 3, $\frac{3}{6}$, 6분의 3

5. 4, 1, $\frac{1}{4}$, 4분의 1

6. 5, 2, $\frac{2}{5}$, 5분의 2

292a 1. 예 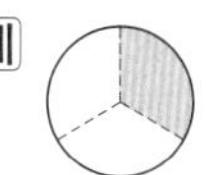　2. 예 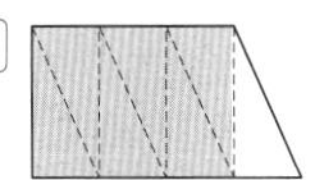

3. 예 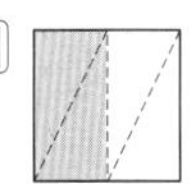　4. 예 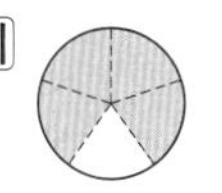

5. 예 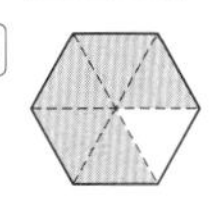　6. 예 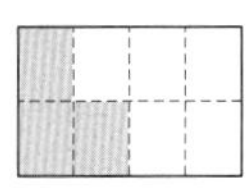

292b 7. 예　8. 예 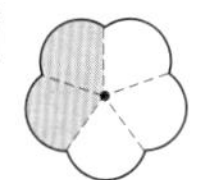

9. 예　10. 예 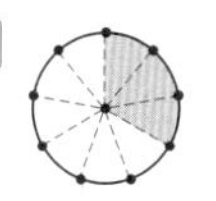

11. 예 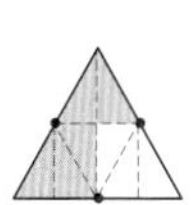　12. 예 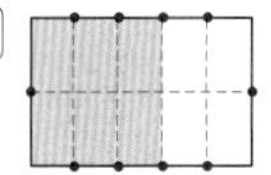

293a 1. $\frac{1}{2}$　2. $\frac{2}{4}$　3. $\frac{1}{3}$

4. $\frac{4}{5}$　5. $\frac{5}{6}$　6. $\frac{6}{8}$

293b 7. (　)(　)(　)(○)

8. (○)(　)(　)(　)

9. (　)(○)(　)(　)

294a 1. 7, 6, 10, 5, 28　2. 조사 자료

294b 3.

4. 파란색, 초록색, 노란색, 빨간색

5. 그래프

295a 1. 33명　2. 5명

3. 햄버거　4. 4명

295b 5. 2명

6.

10	○			
9	○			○
8	○		○	○
7	○	○	○	○
6	○	○	○	○
5	○	○	○	○
4	○	○	○	○
3	○	○	○	○
2	○	○	○	○
1	○	○	○	○
학생 수(명) / 마을	㉮ 마을	㉯ 마을	㉰ 마을	㉱ 마을

296a 1.

10												
9												
8			○									
7			○									
6			○							○		
5		○	○							○		
4		○	○							○		
3		○	○		○			○		○	○	○
2	○	○	○	○	○		○	○	○	○	○	○
1	○	○	○	○	○	○	○	○	○	○	○	○
학생 수(명) / 월	1	2	3	4	5	6	7	8	9	10	11	12

2. 11명　3. 6월

296b 4.

10			
9			
8			○
7			○
6	○		○
5	○	○	○
4	○	○	○
3	○	○	○
2	○	○	○
1	○	○	○
성공 횟수(회) / 이름	정현	다빈	보람

5. 다빈　6. 보람

297a 1. 10번　2. 누리

3. 50, 46, 64, 160　4. 160점

297b 5.

반 / 남녀	남자(명)	여자(명)	계
1반	19	17	36
2반	18	17	35
3반	19	18	37
4반	20	19	39
계	76	71	147

6. 147명　7. 18명

8. [식] 76−71=5　[답] 5명

298a

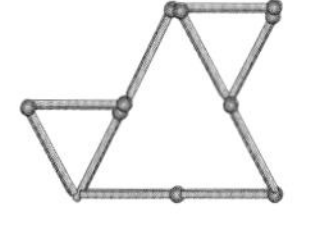

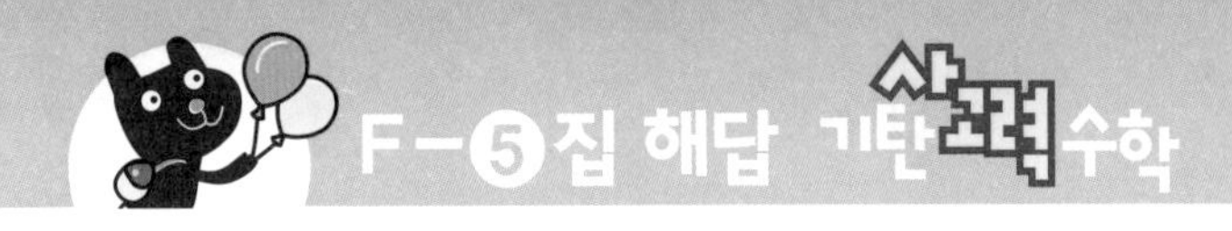

※해답은 따로 보관하고 있다가 채점할 때 사용해 주세요.

298b 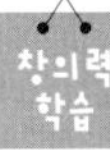 창의력 학습

 : 1,  : 0,  : 9

299a 경시 대회 예상 문제

1. ㉮ 347, ㉯ 733
2. 478
3. ㉮ 75, ㉯ 151, ㉰ 330

풀이 • 184+254+187+㉮=700
➡ ㉮=700−625=75
• 254+187+108+㉯=700
➡ ㉯=700−549=151
• 187+108+75+㉰=700
➡ ㉰=700−370=330

299b 경시 대회 예상 문제

4. (1) 77, 77, 22, 23
   (2) 38, 38, 84, 584
5. 6, 7, 8, 9
6. [식] 800−460−250=90
   [답] 90원

300a 경시 대회 예상 문제

7. 예 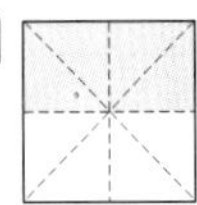
8. 선희

풀이 • 선희가 사용한 색 테이프의 길이
➡ 5 m를 똑같이 5로 나눈 것 중의 4 이므로 4 m입니다.
• 세란이가 사용한 색 테이프의 길이
➡ 7 m를 똑같이 7로 나눈 것 중의 3 이므로 3 m입니다.

9. 같습니다.

300b  경시 대회 예상 문제

10. 7, 3, 6, 4, 20
11.

성공 횟수(회) / 이름	경미	성호	성희	병수
10				
9				
8				
7	○			
6	○		○	
5	○		○	
4	○		○	○
3	○	○	○	○
2	○	○	○	○
1	○	○	○	○

성취도 테스트

1. (1) 1, 1, 503
   (2) 6, 11, 10, 627
2. (1)

$$\begin{array}{r} 4\boxed{4}2 \\ +\ \boxed{2}7\boxed{5} \\ \hline 717 \end{array}$$

(2)

$$\begin{array}{r} 7\boxed{1}4 \\ -\ \boxed{4}7\boxed{6} \\ \hline 238 \end{array}$$

3. 309

풀이 543−234=309

4. 385−79, 228+73
5. 188

풀이 □+275=738, □=463
바른 계산 : 463−275=188

6. (1) 591, 704, 704
   (2) 682, 288, 288
7. 920원
8. 예 295 + 427 → 710, 12 → 722
9. 35 m
10. 700
11. (   ) (   ) (○) (   )
12. 예 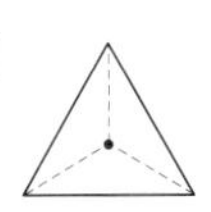  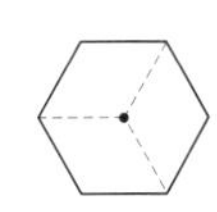
13. 6, 1, $\frac{1}{6}$, 6분의 1
14. 예 (1) 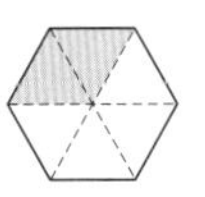 (2) 
15. $\frac{2}{5}$, 5분의 2
16. ①
17.

승리 횟수(회) / 팀 이름	㉮	㉯	㉰	㉱	㉲	㉳	㉴	㉵
10	○							
9	○				○			
8	○				○	○		
7	○		○		○	○		
6	○		○	○	○	○	○	
5	○	○	○	○	○	○	○	
4	○	○	○	○	○	○	○	○
3	○	○	○	○	○	○	○	○
2	○	○	○	○	○	○	○	○
1	○	○	○	○	○	○	○	○

18. ㉮ 팀
19. ㉱ 팀과 ㉴ 팀
20. 6회